美丽乡村生态建设丛书

农业污染防治

熊文　总主编

张会琴　吴比　主编

长江出版社
CHANGJIANG PRESS

图书在版编目(CIP)数据

农业污染防治 / 张会琴,吴比主编.
—武汉：长江出版社,2021.1
(美丽乡村生态建设丛书 / 熊文总主编)
ISBN 978-7-5492-7529-8

Ⅰ.①农… Ⅱ.①张… ②吴… Ⅲ.①农业环境污染－
污染防治－中国 Ⅳ.①X71

中国版本图书馆 CIP 数据核字(2021)第 008994 号

农业污染防治   张会琴 吴比 主编
责任编辑:郭利娜 李春雷
装帧设计:汪雪 彭微
出版发行:长江出版社
地　　址:武汉市解放大道 1863 号   邮　　编:430010
网　　址:http://www.cjpress.com.cn
电　　话:(027)82926557(总编室)
　　　　　(027)82926806(市场营销部)
经　　销:各地新华书店
印　　刷:武汉市首壹印务有限公司
规　　格:787mm×1092mm   1/16   10.5 印张   234 千字
版　　次:2021 年 1 月第 1 版   2021 年 1 月第 1 次印刷
ISBN 978-7-5492-7529-8
定　　价:32.00 元

(版权所有　翻版必究　印装有误　负责调换)

《美丽乡村生态建设丛书》

编纂委员会

主　　任：熊　文

委　　员：（按姓氏笔画排序）

刘小成　李　祝　李　健　时亚飞　吴　比　汪淑廉

张会琴　高林霞　黄　羽　黄　磊　彭开达　葛红梅

《农业污染防治》

编纂委员会

主　　编：张会琴　吴　比

副 主 编：黄　磊　黄　羽

编写人员：（按姓氏笔画排序）

丁成程　乐文彬　朱兴琼　江泽显　杜晨宇　李　健

时亚飞　汪淑廉　宋　娜　张　凤　张明海　张根山

陈红煜　夏　浩　高林霞　梅泽宇　彭开达　葛红梅

黎　炬

总前言

提到乡村，你第一时间会联想到什么？

是孟浩然"绿树村边合，青山郭外斜"的理想居住环境，是马致远"小桥流水人家"的诗意景象，还是传世名篇《桃花源记》中记载的悠然自得的农家生活？

是空心村、破瓦房、荒草地，是满眼荒芜、贫困破败，还是"晴天扬灰尘，雨天路泥泞"的不堪？

一直以来，这两种情景交织在一起，构成了人们对乡村的第一印象，也让现代人对乡村的情感变得复杂而纠结。

但从2013年开始，乡村建设却出现了历史性的重大转折。

这一年的12月，习近平总书记在中央城镇化工作会议上发出号召："要依托现有山水脉络等独特风光，让城市融入大自然，让居民望得见山、看得见水、记得住乡愁。"

这样诗一般的表述，让人眼前一亮，印象深刻。"山水""乡愁"不仅勾勒出了城乡建设的美好愿景，也为中国美丽乡村建设吹来了春风。

与此同时，习近平总书记还就建设社会主义新农村、建设美丽乡村提出了很多新理念、新论断。"小康不小康，关键看老乡。""中国要强，农业必须强；中国要美，农村必须美；中国要富，农民必须富。"这些脍炙人口的金句，不仅顺应了广大农村人民群众追求美好生活的新期待，更发出了美丽乡村建设的时代最强音。

随后，党的十九大报告正式提出乡村振兴战略。2018年1月"中央一号文件"指出："推进乡村绿色发展，打造人与自然和谐共生发展新格局。乡村振兴，生态宜居是关键。良好的生态环境是农村的最大优势和宝贵财富。必须尊重自然、顺应自然、保护自然，推动乡村自然资本加快增值，实现百姓富、生态美的统一。"

2018年2月，中共中央办公厅、国务院办公厅印发《农村人居环境整治三年行动方案》。该方案进一步指出："改善农村人居环境，建设美丽宜居乡村，是实施乡村振兴战略的一项重要任务，事关全面建成小康社会，事关广大农民根本福祉，事关农村社会文明和谐。"

2018 年 4 月,习近平总书记又对美丽乡村建设作出重要指示:"我多次讲过,农村环境整治这个事,不管是发达地区还是欠发达地区都要搞,但标准可以有高有低。要结合实施农村人居环境整治三年行动计划和乡村振兴战略,进一步推广浙江好的经验做法,因地制宜、精准施策,不搞"政绩工程""形象工程",一件事情接着一件事情办,一年接着一年干,建设好生态宜居的美丽乡村,让广大农民在乡村振兴中有更多获得感、幸福感。"

伴随着国家一系列政策的出台,全国各地掀起了一波又一波美丽乡村建设的热潮,乡村面貌也随之焕然一新,涌现出了许多美丽乡村建设样板,已然初步勾勒出了美丽中国版图上美丽乡村的新格局。

正是在这样的大背景下,长江出版社组织本书编著者策划了《美丽乡村生态建设丛书》,从农村水生态建设与保护、农村地区生活污染防治、农村地区工业污染防治、农业污染防治等方面,系统分析美丽乡村建设的现状与存在的问题,创新美丽乡村建设体制与机制,集成高新技术成果,提出实施的各项措施与保障体系,为推进乡村绿色发展、乡村振兴提供技术支撑。

经湖北省学术著作出版专项资金评审委员评审,本丛书符合《湖北省学术著作出版专项资金项目申报指南》的要求,属于突出原创理论价值、在基础研究领域具有重要意义的优秀学术出版项目,湖北省新闻出版局批准本丛书入选湖北省学术著作出版专项资金资助项目。

本丛书分为《农村地区生活污染防治》《农业污染防治》《农村地区工业污染防治》及《农村水生态建设与保护》,共四册。

在《农村地区生活污染防治》一书中,主要针对农村地区生活污染现状,系统分析了农村地区生活污染的类型、存在的问题与危害,全面梳理了农村地区污水污染防治、生活垃圾处理处置、生活空气污染防治的最新技术与治理模式,在此基础上结合近几年农村地区生活环境治理的诸多实践,选取典型案例分析,力求为美丽乡村建设提供参考和指导。

在《农业污染防治》一书中,从农业污染的概念着手,从种植业污染防治、养殖业污染防治、农业立体污染防治、农业清洁生产等方面进行了综合分析与梳理,提出了农业污染管控的具体政策建议。选取典型案例进行分析,为农业污染防治实施提供参考。

在《农村地区工业污染防治》一书中,系统分析了农村地区工业污染现状、存在的问题以及乡村振兴背景下农村地区工业产业的发展方向,重点选取了农产品加工业、制浆造纸业、建材生产与加工、典型冶炼业等农村地区工业行业,梳理总结了典型行业污染防治的现状、主要治理技术及管理措施,创新提出了乡村振兴背景下农村工业绿色发展对策建议。

在《农村水生态建设与保护》一书中,主要针对农村水生态系统的特点,系统分析了农村水生态建设与保护的现状和存在的问题,全面梳理了农村水生态监测调查与评价,农村水环境综合治理、水生态建设与保护、水安全建设与保护技术体系、对策措施,创新地提出了农村水生态建设与保护管理技术,剖析了部分典型案例以资借鉴研究。

本丛书的编纂工作,从最初的策划酝酿筹备,到多次研究、论证及编撰实施,历时近两年,全体编撰人员开展了大量的资料收集、分析、研究等工作,湖北工业大学资源与环境工程学院编写团队的多位权威专家、教授及编写人员付出了辛勤劳动和汗水。同时,长江出版社高素质的编辑出版团队全程跟踪书稿编写情况,及时沟通,为本书的高质量出版奠定了坚实的基础。本书在撰写过程中还得到了中国地质大学(武汉)、华中师范大学、长江水资源保护科学研究所、湖北省长江水生态保护研究院、湖北省协诚交通环保有限公司、湖北祺润生态建设有限公司、湖北铨誉科技有限公司、武汉博思慧鑫生态环境科技有限公司等单位相关专家给予悉心指导并提供资料,在此一并致谢!

因水平有限和时间仓促,书中缺点错误在所难免,敬请批评指正。

编　者

2020 年 12 月

前　言

随着我国人口增加、经济社会发展、人们的生活水平和生活质量不断提高，我国人多地少的矛盾愈发明显。为了满足人们不断增长的消费需求，农村农业生产中大量施用农用化学品(化肥、农药和地膜等)、规模化畜禽养殖等现代农业手段来提高耕地单产及畜禽肉蛋产量。但在农业增产的同时，也造成了农业生态环境乃至整个自然环境的严重污染。

2015年"中央一号文件"对加强农业生态治理做出专门部署，强调要加强农业污染治理。随后，农业农村部打响了农业面源污染治理攻坚战，提出了到2020年实现农业用水总量控制、化肥农药使用量减少、畜禽粪便秸秆地膜基本资源化利用的"一控两减三基本"的目标任务。2017年进一步聚焦重点领域和关键环节，启动实施了畜禽粪污资源化利用、果菜茶有机肥替代化肥、地膜回收等农业绿色发展五大行动。

伴随国家一系列政策的出台及重要战略举措的实施，农业污染防治行动在全国如火如荼得到展开。在此契机下，《农业污染防治》一书应运而生。本书通过对农业污染防治进行综合分析与系统梳理，以期为农业污染防治实施提供必要参考。

全书共有六章内容：第1章主要对农业污染的基本概念进行辨析，对污染源的种类、特点和成因及农业污染防治措施进行分析，并剖析了农业污染产生的规律、理论和机理；第2、3章分别讲述了种植业污染防治和养殖业污染防治，分别选取典型案例进行系统分析；第4章主要介绍立体污染防治理论、进展、研究重点和展望，分析农业立体污染防治的基本特征，所采取的防治措施和建议；第5章主要讲述了农业清洁生产，分析农业清洁生产的基本内涵、实施的必要性和可行性以及面临的主要障碍，分析农业清洁生产发展现状以及国内外的主要实践经验，提出实施农业清洁生产的技术措施及途径；第6章主要讲述农业污染管控，分析农业污染防治动态、面临的困难以及采取的政策，分析农业污染管控面临的困境，并提出政策建议。

在本书编写过程中，湖北工业大学资源与环境工程学院编写团队的多位权威专家、教授

和编写人员付出了辛勤劳动和汗水。长江出版社高素质的编辑出版团队,全程跟踪书稿编写情况,及时沟通,为本书的高质量出版奠定了坚实的基础。与此同时,本书在撰写过程中,还得到了华中师范大学、长江水资源保护科学研究所、湖北省长江水生态保护研究院、湖北铨誉科技有限公司、武汉博思慧鑫生态环境科技有限公司等单位权威专家指导并提供相关资料,在此一并致谢!

因水平有限和时间仓促,书中缺点错误在所难免,敬请批评指正。

编　者

2020 年 10 月

Contents

目录

第1章 农业污染概述

1.1 基本概念辨析

1.1.1 农业与农业生产

农业是利用动植物的生长发育规律,通过人工培育来获得产品的产业。农业属于第一产业,研究农业的科学是农学。农业的劳动对象是有生命的动植物,获得的产品是动植物本身。农业是提供支撑国民经济建设与发展的基础产业。

广义上,农业包括种植业(在耕地上种植作物)、林业(在林区种树木以取得木材、果实等)、畜牧业(养家禽家畜或放牧牛羊等)、副业(农产品加工或其他农业活动)和渔业(天然捕捞和人工养殖水产品,即水产养殖业)五种产业形式,其中渔业和畜牧业又称养殖业;狭义上,农业是指种植业,包括生产粮食作物、经济作物、饲料作物和绿肥作物等生产活动。

广义上,农业生产指的是农业投入——产出的一般模式。狭义上,农业生产是指种植农作物的生产活动,包括粮、棉、油、麻、丝、茶、糖、菜、烟、果、药、杂(指其他经济作物、绿肥作物、饲料作物和其他作物)等农作物的生产。农业生产具有地域性、季节性以及周期性的特点,不同的生物生长发育要求的自然条件不同。农业生产不论作物栽培、林木种植、畜禽饲养、水产养殖,都是在人们有意识地促进和控制下的生物生长过程。

本书农业污染防治主要围绕种植业、养殖业(畜牧业和渔业)展开讨论。

1.1.2 农用化学品

农用化学品是指农业生产中投入的如化肥、农药、生长调节剂(归类于农药)、地膜和兽药。它们的使用可促进食用农产品的生产,在农业持续高速发展中起着重要作用。

化肥是化学肥料的简称,指用化学和(或)物理方法制成的含有一种或几种农作物生长需要的营养元素的肥料,主要用于提高土壤肥力、增加单位面积的农作物产量。最常见的是氮肥、磷肥、钾肥,这些是植物需求量较大的化肥。化肥的使用虽然为农作物产量的大幅度提高产生了革命性的作用,但长期使用和过分依赖化肥而出现的"化工农业"导致农田土壤有机质普遍下降,土壤理化性能弱化,综合机能失调,不仅使化肥利用率不高、流失严重,而且影响农作物抗性和品质。据农业部门估计,目前农业生产上的化肥的田间利用率不足40%,其余部分主要通过高温挥发和水利排灌流失到江河湖泊,造成大面积水系富营养化,破坏水系内环境,打破水生动植物生态平衡。

农药是指为促进、保障农作物健康成长而使用的各种杀菌、杀虫、除草等药品。农药在农业生产中发挥着积极的作用,在植物病虫害综合防治中占有重要的地位。农业生产的主体分散、规模化程度不高,致使农业综合管控技术和统防统治技术无法有效推广,病虫害防治上过度依赖化学防治,生产上滥用化学农药的现象非常严重,甚至一些违禁农药仍被不法厂商生产销售,使用在不该使用的农作物上,把一些农产品变成了"毒产品",造成不良的社会影响,并且已经引起全社会的关注和民众的普遍担忧。

生长调节剂,亦称生长调节物质或生长物质,是指人工合成的或人工从生物中提取的具有调节植物生长发育过程功能的激素类或生物、化学制剂,是外源的非营养性化学物质。植物生长调节剂是一类能够调节植物生长发育的农药,不以杀伤有害生物为目的,所以其毒性一般为低毒或微毒。施于植物后,便可在植物体内传导到作用部位,以很低的浓度促进或抑制植物生命过程的某些环节,使之向符合人类需要的方向发展。每种植物生长调节剂都有特定的用途,而且应用技术要求相当严格,只有在特定的施用条件(包括外界因素)下才能对目标植物产生特定的功效。例如,乙烯利、矮壮素、增甘磷、助壮素等就是一些人工合成的植物生长调节剂。植物生长调节剂按其生理作用可分为植物生长促进剂、植物生长延缓剂、植物生长抑制剂、乙烯释放剂、脱叶剂和干燥剂等。这类物质在农业生产上可以促进种子萌发和生根,增加分蘖,诱导开花,防治落花、落果,改善抗倒能力,增加植物对干旱、低温和病害侵染的抗性,从而提高作物产量。植物生长调节剂的残留,是指其毒性及有效成分存在于植物体内和土壤中的量。在正常使用情况下,植物生长调节剂进入蔬菜体内会随着新陈代谢的进行逐渐降解,药效慢慢消失,在蔬菜体内的残留量很低,即使有微量的残留,在烹饪过程中也会遭到不同程度的破坏。即便是不规范使用导致的药害,只对作物植株生长和产品商品性,如口感、成熟期、果型有影响,影响的是种植户的经济效益,对消费者的身体健康是否有影响目前还没有定论。

地膜主要用于覆盖栽培技术,对农业增产增收、生产反季节作物贡献巨大。地膜对农产品质量的影响相对于化肥、农药而言要小得多,但地膜的主要成分含有联苯酚、邻苯二甲酸酯、聚乙烯、聚氯联苯等物质,这些物质的分子结构非常稳定,很难在自然条件下进行光解和热降解,也不易通过细菌和酶等生物方式降解,这必然会使田间的塑料残留日益增多。据统计,我国地膜年残留量高达 35 万 t,残膜率达 42%,即近 50% 的地膜残留在土壤中。由于地膜在土壤中不能降解,加之地膜回收工作一直未能很好地落实,造成的环境污染相当严重。

兽药是指用于预防、治疗、诊断动物疾病或者有目的地调节动物生理机能的物质(含药物饲料添加剂)。兽药大致可归纳为四类:①一般疾病防治药;②传染病防治药;③体内、体外寄生虫病防治药;④促生长药。其中,除防治传染病的生化免疫制品(菌苗、疫苗、血清、抗毒素和类毒素等)以及畜禽特殊寄生虫病药和促进生长药等专用兽药外,其余均与人用相同,只是剂量、剂型和规格有所区别。兽药对于防治畜禽疾病、促进畜禽的健康生长、提高生产效率、改善畜产品质量等方面起着十分重要的作用。然而,在生产和销售禽畜产品时,兽药残留已经成为影响人类健康的重要问题,由于违规和超标使用兽药,残留在动物体内的药品会或多或少地对人体健康造成一定的影响,如果药物在人体内积累过多,还会产生生命危险。除此之外,兽药残留对环境的危害也不容小觑。因此,不论是从食品安全角度还是环境角度,科学合理地使用畜禽药物十分必要。

1.1.3　农业立体污染

农业立体污染是中国农业科学院的一批专家在探求农业污染综合防治的过程中,经过多年多点试验研究,于2004年在世界上首次提出的新概念。这一概念的提出使农业污染防治研究从微观到宏观、不同层面、全方位展开,开辟了更为广阔的研究领域。我们认为,农业立体污染是指农业生产过程中农药、化肥、饲料添加剂等工业投入品的不合理使用、畜禽粪便和农作物秸秆等废弃物的不合理处置以及工业废弃污染物在农业上的主动利用和被动吸纳、不科学的耕种措施等行为所造成的农业系统中水体—土壤—生物—大气立体交叉的污染。立体污染广义上是指在全球工农业快速发展、科技技术进步与经济快速提升过程中,因不合理的人类活动(包括工农业生产、生活和经济发展方式),造成全球范围内不同尺度的生态系统中水体—土壤—生物—大气界面内产生对人类或其他生物有害的物质,其数量或程度达到或超出环境承载力,直接、间接地改变生态环境正常状态,导致生态系统质量不同程度地受损。立体污染狭义上是指由农业生产系统内部引发和外部导入,因不合理的农药与化肥施用、畜禽粪便排放、农田废弃物处置、耕种措施以及工业、生活废弃物处理不当及其农业利用等造成农业生态系统水体—土壤—生物—大气界面受损的现象,其中,不合理的生产方式与人类活动通常是造成农业立体污染的根源。

农业污染过程是农业生态系统一种受损的过程,主要是通过各界面间(或界面内)污染物相互转移、转化、累积或复合,形成多维(多途径)的、跨时空的、交叉或循环式的污染现象。但无论污染如何发生、如何转化或迁移、强度如何,各类污染的终极受损现象均只发生在三维生态空间,即所谓的立体污染。

"立体污染"这一新概念的提出,为引导人们进行农业污染综合防治提供了更为科学的理论依据,突破了农业污染的点源和非点源防治研究的局限性,是运用系统工程理论,通过多学科的交叉分析研究,从宏观上提出了农业污染存在内部系统污染源和外部环境污染源的概念,揭示了农业污染必须综合防治的理念,有助于人们从系统与整体的角度更好地认识、研究和综合解决农业污染问题,促进各部门、各产业现有的涉及农业污染治理的资源、资金、人才、技术等各方面的进一步整合,形成一个有利于农产品产地环境建设、食品安全、人体健康、农业循环经济发展和国家环境外交等方面协调、高效的综合防治平台,为根治农业污染开辟了更为广阔的研究领域。

在提出农业立体污染防治概念的基础上,我们采用系统的思想、全局的观点,通过多学科的交叉渗透和综合分析对该问题进行了更进一步的研究,并提出农业系统内部立体污染循环链框图(图1-1),使农业立体污染防治的内涵得到不断完善。农业立体污染循环链直观地反映了水圈、生物圈、土壤圈、大气圈各圈层间污染发生与转变的关键,物质累积、转移和转化体现了立体污染的实质和内涵。例如,我国每年因过量不合理施肥造成1000多万吨的氮肥流失到农田之外,污染了地下水,还使湖泊、池塘、河流和浅海水域生态系统富营养化,导致水藻生长过盛、水体缺氧、水生生物死亡;同时,施用的氮肥中有很多以温室气体 N_2O 的形式扩散到空气里。可以看出,各形各色的农业污染表面上看起来互不相干,实际上它们是相互作用、相互影响的一个整体。污染物不仅危及某个"点"和"面",而且通过时空迁移、转化、交叉、嵌套等过程产生新的污染,甚至形成循环污染。

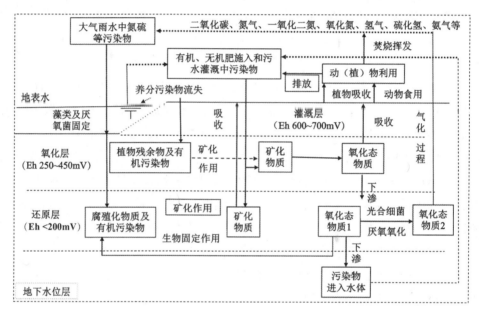

图1-1 农业系统内部立体污染循环链框图

1.1.4 农业清洁生产

农业清洁生产是指既可满足农业生产需要,又可合理利用资源并保护环境的实用农业生产技术,其实质是在农业生产全过程中,通过生产和使用对环境友好的"绿色"农用化学品(化肥、农药、地膜等),改善农业生产技术,减少农业污染的产生,减少农业生产及其产品和服务过程给环境和人类带来的风险。它并不完全排除农用化学品,而是在使用时考虑这些农用化学品的生态安全性,实现社会效益、生态效益、经济效益的持续统一。

保障农产品质量安全,不仅要严把"入口关",更要从源头抓起,而这个源头就在田间、地头,在农业生产的整个过程中。农业清洁生产是由三个环节构成:一是使用原材料的清洁生产,二是生产过程的清洁生产,三是产品的清洁生产。

目前,发展农业清洁生产存在的主要问题有:

(1)农民群众对农用化学品的严重危害缺乏认识

农民一般只了解和注重化肥、农药对农业增产的积极作用,而对它们的负面效应,尤其是过量使用化肥、农药所产生的严重后果,比如破坏土壤结构,降低土壤肥力,污染地表水、地下水,污染农产品,损害人及动植物健康等危害了解甚微。因此,在使用中往往忽略了它们的负面影响,用量越来越大,如土地年化肥使用量高达 400kg/hm²,比一般发达国家高出 175kg/hm²。

(2)农村分散的生产经营,影响了农业清洁生产技术的普及和推广

我国农村土地分散,农业生产以农民一家一户的分散经营为主。因此,很难逐家逐户地传授、推广清洁生产技术,具体指导、帮助农民实施清洁生产方法,并保证农产品各环节的安全可靠。

(3)技术装备的相对短缺,制约了农业清洁生产的发展进程

我国发展农业清洁生产的时间较短,目前虽然已具备一定的农业清洁生产技术设备,但离全面有效推行、发展农业清洁生产的要求仍有较大差距。

(4)农产品缺乏进入市场的检测机制,使农业清洁生产的发展失去市场动力

目前,我国的农产品市场除猪肉等少数农产品经过检测外,大部分农产品未经任何检验自由进入市场。这就导致进入市场的农产品良莠不齐,消费者无法辨别,使农业清洁生产的发展失去市场动力。

1.2　农业污染

1.2.1　农业污染特点

与具有固定排污口的点源污染相比,农业污染源分散,受自然因素影响较大,发生位置和地理边界难以确定和识别,具有广泛性、不确定性、随机性、难检测性以及时空分布异质性等多种特点,因此,对其进行判断、监管和防治的难度很大。其特点主要有:

(1)分散性和隐蔽性

不同于点源污染的集中排放,农业面源污染没有固定的排污口,污染分散,污染物会随着流域的地貌地形、水文特征、土地利用状况、气候等的差异而具有空间上的异质性和时间上的不均衡性,污染物会随着这些自然条件的变化散失在整个流域环境中。污染的分散性会导致面源污染的地理边界不易识别,空间位置不易确定,具有较强的隐蔽性,因此在确定污染物的来源时难度较大。

(2)随机性和不确定性

从农业面源污染的起源和产生过程看,农业面源污染与区域降水具有密切关系,受水循环的影响,降雨的数量和密度对面源污染有较大影响。此外,面源污染的形成与地质地貌、土壤

结构、温度、湿度、气候、农作物类型等因素密切相关。由于降水的随机性和其他自然因素的不确定性,导致面源污染具有较大的随机性。此外,农业面源污染还受土壤条件、农业生产活动、土地利用方式等多因素影响,污染源不明确、排污点不固定、污染物排放随着自然因素的变化具有间歇性,污染物来源、污染负荷等都具有很大的不确定性,很难进行量化与监测,再加上农业面源污染的影响因素较多,所以其污染物也存在不确定性,管控也更加困难。

(3)广泛性和难监测性

我国实行土地家庭联产承包责任制,农民从事农业生产是以农户为单位分散经营的,我国农户众多,每个农户在农业生产过程中都可能导致农业面源污染,污染主体具有广泛性。另外,在特定区域内污染物的排放是相互交叉的,加上不同的地理、水文、气象等自然条件使聚积在地表的污染物随着地表径流或渗漏进入水体,由于径流的时空变化大,面源污染也具有广泛性和较大的时空差异性。另外,由于面源污染的分散性、广泛性和不确定性,对单个污染者污染排放量的监测及其对水体污染贡献率的确定存在很大困难。近年来,运用卫星遥感、地理信息系统对农业面源污染进行模型化模拟和描述,为农业面源污染的预测和监控提供有效的数据。

(4)潜伏性和滞后性

降雨和地表径流是农业面源污染产生的主要动力,降雨发生之前,施用于农田的农药化肥可能长期累积在地表,不会发生现实的污染,这就是面源污染的潜伏期。当降雨产生汇流过程时,潜伏期累积的污染物才会在降雨的驱动下随径流流失导致污染发生,实际发生的污染相比污染物的排放时间具有滞后性,而且潜伏期的长短和污染危害关系重大。研究表明,施肥和降雨的间隔期越短,污染后果越严重。

(5)高风险性

农业生产产生的污染物通过农田排水、地表径流、地下渗漏和挥发等方式进入土壤、水体和大气,导致土壤、水体和大气污染,还会引起水体富营养化,各种水生动植物过度繁殖、生长,对湿地生物生存环境进行破坏,损害区域生态系统,对农产品质量安全、人体健康和农业的可持续发展构成严重威胁,风险性很大。

1.2.2 农业污染成因

农业污染形成的原因复杂多样,可以从不同角度、不同层面进行分析和探讨。从种植业废弃物、养殖业废弃物与农业污染关系来看,可以把农业污染归纳为政策原因、经济原因和技术原因。

(1)政策原因

粮食安全政策和产业发展政策是我国农业污染问题的深层原因。我国国内粮食供求平衡压力很大,粮食生产和粮食安全一直是我国农业政策的核心内容。现阶段,粮食产量的增长越来越依赖化肥、农药等现代农用投入品使用的增加。由于目前化肥、农药尚无可替代,为了保证粮食产量的持续增加，高水平的农业投入，尤其是化肥和农药的投入将不可避免。如果没有有效的控制措施，与农业投入相关的农业污染问题也会更加严重。

国内化肥产业支持政策也是促进农民多使用化肥的一个原因。早在 20 世纪六七十年代，我国政府就以补贴等形式政策鼓励国内化肥生产企业发展。为了鼓励粮食生产，政府也曾经对农民使用化肥给予相应的补贴。20 世纪 80 年代家庭联产承包生产责任制以后，农民的生产积极性上升，对化肥的需求增加，刺激了国内化肥工业发展，同时化肥进口也逐渐增加。我国加入 WTO 后，国内市场的化肥价格与国际市场接轨，农民可以更容易以较低价格获得化肥，这有利于我国农民参与国际农产品市场的竞争。但是，从环保角度来看，农民在其他条件不变的情况下会使用过多的化肥，给环境产生的压力更大。

现行国际贸易政策的实施以及蔬菜和花卉等高附加值、高复种指数园艺产业的扩大，诱使农民自觉或不自觉地增加化肥和农药的用量。从国际大环境来看，贸易自由化影响着农业生产投入要素和农产品的价格，从而影响到农作物生产结构及单位面积上的化肥和农药的投入量。如果没有有效的管制系统，农民得不到适当的技术推广服务和技术体系的保障，化肥和农药的使用量还会继续增加，会继续加大农业污染控制的难度。

其他产业结构调整和产业支持政策也加重了农业污染的程度。比如，蔬菜已经成为我国农业生产中最具国际竞争力的产业，但由于缺乏合理的技术支持和有效的政策引导与规制，蔬菜生产中普遍存在水肥过量投入，尤其是氮肥投入过量问题。又如，畜禽养殖业目前成为我国农业经济的一个独立的重要产业。随着畜禽养殖业的发展，它的收入已经成为当地农民、牧民脱贫致富的重要手段，因此，畜禽养殖业在发展农村经济中的作用越来越大，在相当一部分地区作为支柱产业，受到各级人民政府的重视和扶持。由于调整产业结构、实现农业增长和农民增收是农业部门的重点目标和任务，而环保部门的工作重心一直放在工业污染和生活污染上，对于伴随农业产业结构调整出现的种种环境问题，既没有相应的法律法规，也缺乏相应的管理手段。加上之前普遍存在的重经济轻环境、重数量增长轻发展质量的思想以及部门之间缺乏协调机制等原因，农业部门的结构调整与环境管理脱节，管理措施跟不上，产业调整带来的环境压力十分突出。

在制定农业政策时没有考虑到环境问题，政策内容主要是针对农业生产，没有结合农业发展中对环境产生的不利影响，农业政策和环境存在脱离现象。比如畜牧业的快速发展增加了农户的收入，但是没有考虑到畜禽废弃物的利用问题，存在随意排放现象，因此对生态环境造成很大的影响。而环保部门对于养殖业产生的污染缺乏必要的管理，对于污染防治缺少制度化的约束，影响到农业污染的控制效果。

《中华人民共和国环境保护法》第六十条规定："企业事业单位和其他生产经营者超过污染物排放标准或者超过重点污染物排放总量控制指标排放污染物的，环境保护主管部门可以责令其采取限制生产、停产整治等措施；情节严重的，报经有批准权的人民政府批准，责令停业、关闭。虽然体现出"谁污染，谁治理"的原则，但是针对农业生产中的环境污染问题缺乏明确的规定，对于农业污染问题没有专门的法律。现有法律中的农业污染问题由于缺乏约束，农业污染没有制约机制，污染问题难以得到根本的解决，污染的治理效果也就难以保证。而现有水污染防治多针对工业生产，对于农业生产中存在的污染问题不适用，无法实现农业污染的综合治理。

（2）经济原因

从经济学角度来分析，农业污染本质上是农业生产过程中的一种外部性问题。

一方面，农业污染行为和结果具有负外部效应，它是农业非点源污染形成的内在原因。农业污染之所以发生，是因为农民在做生产决策的时候没有动机去考虑这种会强加到其他人身上的污染成本。经济学家把这种成本叫作外部性，因为它们对生产管理者的决策框架而言是外在的。比如，某人使用化肥引起污染，而该行为并未受到处罚，那么就由所有人来承担其行为造成的损害，这样污染者的边际私人成本就小于其边际社会成本。如果没有政策干预，作为理性经济人的污染者将不会主动采取措施来减少污染。这是因为：第一，他的外部损害已经由社会分摊，降低了他的成本；第二，减少污染的措施通常意味着增加环境保护的相关支出或各种机会成本，加大了他的支出。因此，生产者缺乏减少污染的动机。总之，农业污染是一种不利于资源有效配置的外部性产物。

另一方面，农业污染防治行为和结果具有正外部效应。所谓农业污染防治，就是采取各种措施和手段，减少来自农业的营养物、农药、沉积物、病原菌等污染物的流失或排放，降低各种污染物对环境的影响。它包括各种工程性污染防治措施，如建立人工湿地或过滤带、生物防治病虫害、测土施肥技术等，也包括非工程性污染防治措施，如免耕法、科学施肥施药、采取最佳的管理措施等。农业污染防治是正效应很强的公共产品，它治理的对象如土壤、水体、大气等环境资源，这些环境资源都不是私有的，具有公共产权或者开放性产权的特征，不具有专有性、可分割性与让渡性、排他性，很容易产生"搭便车"现象，污染治理者难以得到预期的回报。在缺乏制度规范和经济激励的情况下，没有治理农业污染的动力，结果污染治理经常出现供给不足，久而久之，污染问题积重难返，成为社会"顽症"，难以治理。

（3）技术原因

技术方面的原因有很多，从农业污染的非点源特征来看，由于受到众多自然因素和其他因素的影响，农业污染的形成机理和剂量反应关系十分复杂，人们在现有技术条件下还很难对农业污染及其环境影响或损害进行准确观测、评估、把握和控制。比如，化肥是农业污染的主要来源，但是化肥的流失却因为土壤结构、作物类型、气候、地质地貌，尤其是降雨和径流等因素的不同而有很大差异，这就给人们认识和判断评估农业污染的来源和影响带来很大困难。此外，农业污染具有空间异质性和时滞性，使农业污染的责任者及其责任难以认定；环境污染来源的复合型和复杂性，使农业污染的受害者及其权益损害也难以明晰，这些技术性的障碍使得农业污染治理政策的形成缺乏相应的诉求，农业污染治理政策的制定缺乏相应的依据。

1.2.3　农业主要污染源

随着我国人口增加、社会经济发展尤其是城市化进程的推进,我国人多地少的资源压力越发沉重,迫使我国在农业生产上大量施用化肥、农药和地膜以及扩张规模化畜禽养殖等现代农业手段来提高耕地单产、畜禽肉蛋产量以满足人们的消费需求。因此在农业增产、农产品多样化的同时也造成了我国农业生态环境乃至整个自然环境的严重污染,也对食品安全产生了极大的影响。目前,我国农产品污染物超标严重,污染物在农副产品中积累极为普遍并呈上升趋势。有调查显示,我国每年因土壤污染而损失和减产的粮食有 2000 多万吨,直接损失达到 200 多亿元;全国有 3 亿多农村人口存在饮水水质不安全的问题;全国大城市蔬菜批发市场的蔬菜农药总超标率超过 50%。农业生产造成的污染主要为化肥污染、农药污染、集约化养殖场污染等,具有分散性、随机性、难以监测性和空间异质性等特征,其防控在我国以家庭联产承包责任制为主的经营体制下难度非常大。

1.2.3.1　种植业主要污染源

（1）农用化学品

种植业生产投入的化学品包括农药（包括植物生长调节剂）、肥料、地膜等。农产品的高强度生产,导致一些农户盲目而大量地施用化肥。化肥的超量使用,必然造成地表径流、地下淋溶等途径的流失,造成河流、湖泊富营养化,蔬菜等农产品硝酸盐超标,直接影响人类身体健康,严重污染环境。地膜、棚膜等农用薄膜不合理使用后,在土壤中的残膜不断累积,造成耕作困难,破坏土壤结构。农药的使用以杀虫剂为主,施用量每年以 10% 左右的速度递增,此外,农药的不合理使用,造成了区域内农业病虫天敌的减少、灭失,以及病虫抗药、耐药性增强,一些农户乱用药、随意加大用药量和增加用药次数,极易造成农产品质量下降及安全问题,也使农药成为土壤污染、灌溉污染的主要来源之一。

（2）农业废弃物

农作物收获后,秸秆被随意丢弃在田间或焚烧,造成比较严重的地面和大气环境污染,甚至影响交通。集约化蔬菜、水果生产导致大量残菜叶、烂瓜烂果等随意丢弃,造成田间、河道水源污染。废弃的农药瓶、农药包装袋、肥料包装袋、塑料秧盘、地膜、棚膜等生产废弃物被随意丢弃,也造成了环境污染。

1.2.3.2　畜禽养殖业主要污染源

近年来,农村家禽、家畜养殖业发展很快,产生的禽畜粪便也大量增加,这些禽畜粪便大多未经处理,便被随意放置、施用或沿着禽畜圈舍排污沟无序排放,大量的氨氮和磷进入空气、水体等,污染环境,养殖场附近往往恶臭熏天,蚊蝇滋生,细菌繁殖,疫病传播,并且通过周围水渠、河道造成地表水及地下水的污染。

（1）畜禽排泄物

在畜牧养殖过程中,畜禽会产生大量的排泄物,这些排泄物中含有很多有机物,在发酵以后会释放出有害难闻的气体,对周围空气造成污染。并且,排泄物还会促使苍蝇、蚊子等生长繁殖,传播疾病。

在养殖地区内普遍存在动物粪便的乱堆乱放的问题,人们常常缺乏对粪便污染危害的认识,习惯脏乱差的生活环境,对粪便污染视而不见,习以为常,房前屋后只要有地方的就随处堆放,而且不科学的利用也常常造成第二次污染,西北地区二次利用方法主要为晒干烧炕和堆积作为农家肥。经常听当地人这样说:"养牛不是为了赚钱,也不是为了种田,而是为了烧炕取暖。"然而,烧炕产生的烟雾对空气的污染也极其严重,比如,在人口密集的烧炕地区,因烧炕产生的烟雾导致夜间空气的能见度不足 20m。

（2）废弃的草料

饲草是饲养动物不可缺少的,但养殖户对饲草的利用管理存在问题:

1)没有数量的概念,对饲喂量的认识不清,普遍想法和做法是多多益善,形成积压性污染。

2)管理不善,对饲草不进行加工妥善保存,导致饲草发霉、风吹日晒等,形成了年复一年的废弃饲草的污染。

3)不对饲草进行加工,囫囵饲喂,甚至有的让动物直接在饲草堆上自由采食,形成大量的废弃饲草。

（3）废弃的动物尸体

养殖动物死亡是难免的,动物的尸体应及时合理地处理,但是部分养殖人员缺乏科学处理的意识,动物的尸体乱扔乱放,在围墙周围、田地内、道路上、水渠中、地埂旁随处可见,狗啃猫吃,鸟衔雀叼。

（4）药物残留

为了防止牲畜出现疫病,会给畜禽用药,这些药物只有很小一部分会被吸收留在畜禽体内,绝大部分没有吸收分解的药物都会排出体外,不但对周围的环境造成污染,还会通过土壤进入人体,对人体造成危害。

1.2.3.3 水产养殖业主要污染源

（1）投喂的饲料

养殖业自身污染首先可能是由于投喂饲料过多产生的问题。一些研究者对池塘和网箱养殖鲑鳟鱼类的残饵量做过估计,但所得结果差别较大,未食饲料可少至 1％,多达 30％。这些问题的产生很大程度是由养殖者在养殖方法及投喂饲料的设计选择上不合理以及整体的管理模式有问题导致。养殖者在饲料投喂上一定要适量,要合理预估需要饲料量,并且科学投喂。这样才能够让饲料得到最大化利用,在保障鱼类生长必须的同时也能够维护生存环境的稳定与健康。

（2）鱼类的粪便与排泄物

生物自身的排泄物和分泌物这种状况相对普遍,可以采取的处理方法也较为多元。鱼类摄食的饲料中未被消化的部分连同肠道内的黏液、脱落的细胞和细菌作为粪便排出,消化的部分被吸收和代谢,所吸收的营养物中有一部分作为氨和尿素被排泄。如果养殖环境中对于这些排泄物和分泌物的处理不够及时,那么会导致这些废物的不断堆积,甚至还可能进一步发酵和演化,产生很多致病因素。若不及时处理,不仅会直接污染养殖环境,甚至还可能引发自身各种疾病。

（3）农用化学品的使用

化学药物的使用在鱼类养殖中较为普遍。一般来说,为了维护生存环境的健康稳定,通常都需要在养殖环境中投放特定的化学药品。但是,一旦药品的用法和用量控制不合理,就会直接污染养殖环境。一般水产养殖中常用的化合物主要是为控制疾病向水体中施用的杀菌剂、杀真菌药、杀寄生虫剂,为控制水生植物施用的杀藻剂、除草剂,为控制其他有害生物施用的杀虫剂、杀杂鱼药物、杀螺剂,还包括为降低水生生物创伤施用的麻醉剂和促进产卵或增进生长的激素。这些药物的使用要相对合理,无论是药品类别的选择上还是药物用量上都要有效甄别。

1.2.4 农业污染防治措施

1.2.4.1 国外农业污染防治措施

发达国家在 20 世纪初,特别是第二次世界大战以后,开始重视农业环境问题。从 20 世纪 70 年代开始,人们对农业污染问题开始警惕。近年来,特别开展了对农业非点源污染问题的研究与治理。美国以及欧洲的一些国家与地区的很多学者分别对土壤、灌溉水、井水、大气、生物等环境质量进行了一系列研究,并同时分析了施肥、耕作等农业措施对农业污染与农产品质量的影响。欧美等发达国家对环境质量较差的耕地实行休耕或改变利用方式。同时,先后出台了产地环境质量标准,加强了对农产品质量的监测,对化肥、农药等农用化学品的使用作了严格的限制,并且保证其达到所要求的品质。以美国为首的发达国家自 20 世纪 70 年代启动净水计划,20 世纪 90 年代提出了 HACCP(风险分析与关键控制点)体系,在生产领域推行了 GMP(良好操作规范)模式,都把产地环境和生产过程污染作为控制的重点对象,将主要农产品的销售、用途等与产地环境密切挂钩,使农产品质量风险降低到最低程度。在污染治理上采取了多种替代技术,如农田最佳养分管理,实施有机农业、生态农业和保护性耕作等,实施了限定性农业技术标准,规定了肥料类型、施肥期、施肥方法、畜禽场的农田和化粪池的最低面积或容积配额、轮作类型等。美国的"最佳管理措施"(BMPs)起源于 20 世纪 70 年代,发展于 20 世纪 80 年代,采用多种措施组合解决点源污染问题,目前,各州政府已经制定了详细的规则与办法,组建了污染监测与管理机构;2000 年,欧盟颁布了《欧盟水框架指令》,启动了流域管理计划,强调要特别重视针对农业径流污染的控制管理措施,这些措施应是"范围广泛的、预防性的、划算的、联合运作的"。2009年完成，要求建立足够的监测点和采取相应措施，控制非点源污染对水体的影响；德国、法国、荷兰、丹麦等国家在尝试"C-ooperative A-greements"，自下而上地动员各种力量参与到农业径流污染控制中；日本正在推广的众多技术都是环保型的，其中不乏污染治理的内容。联合国开发计划署UNDP在欧洲南部启动了以降低水体养分含量为核心的多瑙河、黑海污染防治工程（APCP）；欧盟EU建立了欧洲环境信息观测网（EIONET），重点研究与解决农业污染问题，对生物性污染、化学污染、饲料污染等固体与液体污染物进行重点关注。

（1）专门为农业污染防治制定法律和政策

一些发达国家专门为农业污染防治制定了相应的法律和政策。例如，美国从政府层面建立了系统的农业污染防治法律框架：美国环保局实施了非点源污染管理计划，农业部实施了乡村清洁水计划、国家灌溉水质计划、农业水土保持计划等。此外，还有其他国家职能部门制定的如清洁水法案、最大日负荷计划、杀虫剂实施计划以及海岸非点源污染控制实施计划等。欧盟加强化肥和农药的管理，建立严格的化肥、农药等登记制度，并加强农业污染防治的机构管理。许多国家和地方政府设立了农业与环境保护部，将减少污染、维护生态环境作为其职能之一，农业环境法规的监督和执行由各级政府部门委托地方农科院、地方农协等相应机构进行。从研究和政府推动两个层面双管齐下，加大对农业非点源污染的治理力度。

（2）重视农业环境保护的教育、科研及推广

美国、日本等发达国家都很重视农业环境的教育与科研工作，不仅拥有世界一流的教学设备、实验室，而且把最新的科研成果推广应用，帮助农民利用现代化的生产技术。美国利用农学院等院校教育基地培育大批专业人才，通过为农民举办农业科技讲座、短期培训班等方式，形成了教育、科研和技术推广相结合的完备体系。日本的农业环境保护研究随着时代要求的不同而选择不同的课题，其中既有应用技术研究，也有基础理论课题；既考虑近期工作，又有长远安排，这些研究对于做好日本农业环境保护工作起到了很大的推动作用。以色列完善的农业技术推广服务体系做得扎实而有特色，技术推广服务人员工作的核心部分是在农场、田间、果园的农业生产实践中与农民一起完成，而不是在办公室或培训中心。

（3）支持生态农业的高科技研发与实践

低投入、低污染、高成效、专业化、高产量的生态农业是很多国家推动现代农业可持续发展的重要实践途径。在以色列，仅有2%～3%的人口从事农业生产，1个农民能生产92个人的食物，高科技在农业中的应用是保障其粮食质量与数量供应的法宝。例如，所有农业灌溉都采用计算机控制，且一次性完成灌溉与施肥；所有花农都配有计算机，50%的花卉生产都是在先进的、由计算机控制的温室中完成，以色列温室栽培的西红柿产量最高达500t/hm^2。

其他国家也大力支持生态农业的技术研发与实践，美国农业部设专款支持农民发展生态农业，推广使用农田最佳养分管理等环境友好的替代技术；欧盟历时40多年不断研究改

进的农田养分收支平衡记录单模型法,已经广泛应用于农业生产管理;日本利用现代生物技术培育适于水地、盐碱地、荒漠和生态敏感区耕作的作物品种。

1.2.4.2　国内农业污染防治措施

（1）加强防治推广宣传,增加资金投入

必须要重视农业污染源防治技术的宣传与推广工作,构建完善的推广宣传体系,开辟多元化的宣传推广渠道,广泛开展农业污染源防治相关政策法规的宣传活动,以各级农业部门的技术资源为基础,做好防治农业非点源污染技术技能的培训工作,提升社会公众尤其是农业生产业的环保意识,让其能够主动树立防治农业非点源污染的自觉性。同时,各级人民政府部门必须要进一步增加资金扶持,在农业非点源污染治理、环境监测体系构建以及现代化防治技术的推广方面下足功夫,对于生物农药、可降解地膜的研发工作应当给予更多的资金和技术支持,针对采取环保手段进行预防治理的禽畜养殖场,应当适当对其提供投资以及税收等优惠政策,从而激发其主动防治的积极性。

（2）制定化肥农药减量计划并实施落实

相关研究证明,长期盲目过量使用化肥会导致土壤内部含氮值的提高,会影响农作物的正常生长发育。如果化肥使用量超过 400kg/hm^2,反而会影响到其增产效果,降低农作物产量。农药效应和化肥一样,过量使用农药会导致病虫抗药性提高,实际防治效果大打折扣。所以为进一步降低水土非点源污染,应当积极推广应用测土配方施肥技术,尽可能选择有机肥,推行化肥深施、集中施用以及叶面喷施,促进其利用效率的提升。积极推广应用无公害、低残留的农药,尽可能控制农业生产用药量,针对土壤酸化地区,需要实施科学轮作以及合理增施石灰,对土壤酸碱度进行合理调节,从而降低农药和化肥导致的非点源污染。

（3）推广农业非点源污染综合防治技术

一是积极推广稻—鸭共养、频振式物理杀虫等技术,对农业种植过程中产生的污染进行有效防治。借助稻田养鸭以及物理杀虫技术,不但可以在很大程度上降低稻田以及菜地的农药施用,同时还有助于控制生产成本;二是积极推广平衡施肥技术以及生态农业技术,借助测土配方施肥以及化肥深施等措施,积极推广高浓度复合肥和农作物专用配方肥,降低氮肥的施用;三是构建农业废弃物分类回收机制,针对能够进行降解的秸秆、谷壳以及人畜粪便等进行沼气处理,针对难以降解的农业废弃物,比如说地膜、包装容器等,需要定点设置垃圾分类回收处,统一进行回收处理。

（4）完善农业非点源污染监控保障体系

应当严格根据现代化以及高效率的标准,构建非点源污染监督控制机制,第一时间发布预警信息;强化农业非点源污染技术研发,构建有助于发挥农业非点源污染防治专业技术人才潜力的激励制度和相关科研成果推广制度;多渠道、全方位筹集资金,构建农业非点源污染防治资金投入体系,真正建立"政府引导、政策支持、市场运作"的投资融资体系;要贯彻落实以人为本的理念,构建公众广泛参与的防治机制,支持社会公众主动参与其中,自觉从自己做起,参与到农业非点源污染防治中来,促进非点源污染防治工作的有效开展。

(5)依法行政加强非点源污染相关管理

为了减轻和控制非点源污染,还需进一步加强《中华人民共和国环境保护法》的宣传和执法力度,提高人们的环保意识。注重调整城市工业布局及结构,重点对工业"三废"进行处理和整治,在处理上依照"谁破坏,谁恢复""谁开发,谁保护""谁受益,谁补偿"的原则,从源头上加强对农业非点源污染的整治。另外,还可以学习西方国家农业非点源污染治理的优秀经验,构建污水拍卖市场,将污染权作为商品流通,一方面能够缓解国家经济投入压力,另一方面又可以积极推动企业主动参与到治理当中。同时,还需进一步加强对化肥农药市场的监管,严禁使用和销售高毒、高残留农药,假冒伪劣农药,劣质化肥,净化农贸市场。

1.3　农业污染产生的理论基础

1.3.1　农业污染产生的规律

1.3.1.1　转型社会中农户市场主体地位的确立

农村社会转型是农村社会结构和经济结构在一段时期内发生的根本性转变。自改革开放 40 多年以来,我国社会从传统农业社会向现代工业社会转型,这也是城镇化、工业化和市场经济发展的必然规律。在城镇化和工业化的巨大推动力、市场经济的强劲内驱力以及其他多种力量的积聚下,加速了乡土中国社会形态和经济结构的转变。

农村社会转型引发了农业、农民和农村的现代化。农业的现代化主要是农业生产方式的转变,由传统、落后的小农生产方式转向现代的机械化的生产方式,提高农业生产效率。农民的现代化是农民由贫穷、愚昧的代名词转变为具有自主意识和独立市场地位,掌握现代农业科技的有知识、讲文明的新农民。农村的现代化是由贫穷、落后、脏、乱、差的传统农村转变为经济富裕、环境优美、文明、和谐的新农村。在这三种关系中,农业现代化是基础,农民现代化是根本,农村现代化是目标,也是农业现代化和农民现代化的综合体现。

在转型社会中,农民的社会地位也在发生转变。在传统的农业社会,农民作为土地的附庸,没有生产经营自主权。《中华人民共和国农村土地承包法》的颁布在法律上确立了家庭联产承包责任制,农户享有完全的生产经营自主权,包括土地的使用权、收益权、流转权以及农产品的处置权,任何组织和个人包括土地所有人不能以任何形式干涉农户的生产经营自主权。可见,我国以法律的形式确立了农户的市场主体地位,农户可以作为一个完全独立的市场主体实施各种生产经营活动。法律还规定维持农民长期而稳定的土地承包经营权,物权法也把农户的承包经营权作为一种物权进行保护,农户的市场主体地位现在不变,将来也不会变。

1.3.1.2　"理性人"塑造与农户行为转化

经济学中的理性人被认为是对现实生活中个体行为的高度抽象,理性人不是现实中个人行为的特征,而是个人行为取向的假设。一方面,现实生活中的个体行为模式大体上符合经济学中理性人的概念;另一方面,现实生活中没有一个个体能够完全符合理性人的行为模式。一般来讲,高度概括抽象对一个理论的提出是必不可少的,因为只有通过合理的抽象,才可以把对具体个体的认知规律推广到未知领域。

理性人是公共选择学派研究非市场决策问题的出发点。理性人是指在自己认识范围内,用最小的资源投入获取最大的价值产出从而实现个人目的的"合乎理性"的人。理性人常常会采取最有效的办法,实现特定投入下的产出最大化或特定产出下的投入最小化。理性人假设能够使研究者用统一的人性观分析人们在不同条件下的决策行为。

理性人具有以下特点:

(1)自利性

趋利避害是人的本能,人们在做出任何行为选择时都是从自身利益出发,实施对自己或家庭最有利的行为。自利的内容既可以是物质利益,也可以是精神享受。自利性是行为人根据自身的知识文化水平、阅历、经验等进行自我判断的,未必是客观真实的。

(2)追求利益最大化

人们有各种各样的偏好,并能对它们进行感知、比较和选择,这些偏好会随着人们认识的改变而发生变化。理性人在行为决策中总会以最小的成本获取最大的利益,当他们确保在纯收益最大化的前提下实现其偏好时,其行为总是理性的。所以,当个人以常见的方式实现偏好最优化时,即使我们无法有效判断此偏好是否最优,我们仍然认为此行为是理性的,因此,理性不包含对目标本身的判断。

理性人的行为并非真正理性,因为他们对理性的判断受到自身认识水平局限,不能站在社会公共利益代表的角度客观公正地评价自己的行为,个人理性在他人看来往往是非理性的,会发生个体理性和集体理性的背离。另外,在追求理性的过程中会出现"目标的非理性"和"手段的非理性"。

农户是农业生产的基本单位,也是理性经济人。国内外学者对农户行为研究发现,农户行为是为了维持生计或回避风险,以及追求收益最大化。总之,他们的目的都是追求特定条件下的效用最大化。人口状况、市场条件和经济发展阶段不同时其表现形式不同。传统农业社会,追求生活满足和规避风险就是其效用最大化的表现;在不完善的市场条件下,市场化程度低的农户效用最大化的表现是满足家庭基本需求,市场程度高的则是追求利润最大化;在完善的市场条件下农户行为的目的就是追求收益最大化。

目前,我国正处在由传统的农业社会向工业社会转型的时期,市场条件还不完善,在贫困地区,农户行为的目标是维持基本生存,采取精耕细作的农业生产方式;在非贫困地区,农户行为的目标就是追求经济收益最大化,即舒尔兹提出的理性小农,在权衡利弊之后,为追求利益最大化而进行合理的生产抉择。

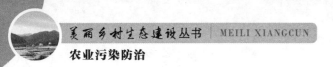

1.3.1.3 基于"理性"小农的农户污染行为选择

具有独立市场地位的农户必然具有理性人的特质,在其认识水平下,做出生产决策时总希望以最小的投入换取最大的收益。农户的生产决策可以有多种选择,选用肥料时可以使用有机肥也可以使用化肥,有机肥虽然改善了土壤结构,提高生产者能力,但价格昂贵,投入人力多;而化肥使用方便,耗费的人力少,增产明显,虽然会造成土壤和水体污染等,但污染责任一般并不是由农户自己承担的,加之农户的受教育水平低,环保意识差,具有急功近利的短视性,他们不会考虑化肥污染的严重后果。因为危害后果不会影响他们的近期收益,在他们的认识水平下,使用化肥是他们的理性选择。农药使用也是如此,如果不使用农药,自己要承担农作物遭受病虫害而无法获取收益的后果。对生物农药和化学农药的选择,生物农药价格高、见效慢,但不会造成环境污染;而化学农药价格低、见效快,但污染严重,农户为了追求经济利益最大化,他们必然会选择使用化学农药,至于造成的污染则主要由消费者和社会承担,不在他们理性选择的思考范围内。可见,农业污染的产生是农户行为理性选择的结果。

土地的家庭承包使农户成为农业生产经营的主体,也成为最基本的农业生产决策单位。作为独立的经济主体,追求经济利益最大化是他们的根本目标,他们在利益的驱动下,对各种生产要素进行优化组合。农户选择生产方式、管理农作物和投入生产资料的行为决定着土地的利用方式和污染程度。近年,学者研究发现,农户生产行为对土壤质量变化具有直接影响。一方面,农户为了追求经济收益会改变生产目标和生产行为;另一方面,农户生产行为的改变也会影响农业生产方式和生产资料的投入,生产资料投入不合理,就会引发农业污染。所以,需要从农户的视角,探析不同的生产目标和监管模式下农户行为对农业污染的作用,探寻农业污染产生的微观机理,从而优化农户生产行为,控制农业污染。

农户行为是指在特定的社会条件下,农户为了实现经济利益而做出的外部反应。农户农业生产行为体系主体包括选择生产方式的行为、投入生产资料的行为、选择农作物类型的行为和采纳农业新技术的行为。其中,农户选择生产方式的行为和投入生产资料的行为(包括施用化肥和农药行为等)直接导致了农业污染的产生,这也是农户影响农业环境的主要行为。

诱发农户污染行为的根源还有以下几个方面:

(1)农民面临生存和发展的压力

在我国,由于工农业产品的剪刀差长期存在,大部分农民生活贫困,他们迫于生计,需要不断增加化肥、农药的使用以追求较高的农业收入。农户作为理性经济人,追求农业收益的不断增加,提高生产生活质量是其从事农业生产的根本目的,也是引发农业污染的根本原因。个人利益最大化与社会利益最大化相背离是农业污染产生的根本原因。

（2）农业生产经营行为的近视化

农户从事农业生产主要追求短期的农业收入，而不顾及农业可持续发展，其主要原因有两个：一是农村土地产权制度不完善。农村土地产权制度影响农民行为的决定性因素，对农业生产关系具有调控作用，它会影响农户对农业资源环境的利用方式。目前，我国农村土地产权主体虚位，导致农户农业污染行为缺乏有效监管。承包经营权不稳定，刺激了农户短期行为，农民对土地难以形成长效利用的预期，不愿意对土地进行长期投资。大量使用化肥、农药等，追求短期增产和可见的经济利益，不考虑污染后果。二是农民的兼业性。目前，70％以上农民兼业，兼业行为诱发了农业生产的粗放经营。土地的适度规模经营可以减少农民兼业，促使他们精心经营和管理土地，促进化肥、农药的合理使用，减少农业污染。粮食生产面积在 $0.33hm^2$ 以上，蔬菜生产面积在 $0.19hm^2$ 以上的农户才会减少兼业，控制农业污染。三是土地家庭承包经营制约了农业产业化和农业科技的推广应用，受资金和精力等因素的限制，农产品小生产，农户在市场竞争中的弱势地位，很难做到农业的产业化和科技化。

（3）农民的环境意识淡漠

大部分农民认识不到农业污染的危害，更不会主动减少化肥、农药的使用，有意识地控制农业污染。农业生产实践中，农民主要使用化肥，有机肥的用量很少；农民也主要使用化学农药，生物农药的用量很少，大部分农民主要根据自己的生产经验使用化肥、农药，因此常常会过量，加剧农业污染。

（4）缺乏对农户施用化肥与农药行为的科学指导

非农就业、农技培训对化肥施用存在正相关关系。目前，对农业污染的危害和治理缺乏有效宣传。基层农技推广人员大量流失，农技推广职能无法发挥，农民使用行为缺乏引导。

1.3.2　农业污染产生的理论

1.3.2.1　负外部性理论

外部性是指不存在市场交易的情况下，经济主体的经济行为对其他经济主体的利益产生的影响。经济主体的行为可能对他人的利益产生有益的影响，即正外部性；也可能产生不利的影响，即负外部性。目前，农民在农业生产中大量使用化肥、农药的行为会导致土壤板结和生产能力下降，水体富营养化，甚至影响农产品质量，危及人体健康等，具有负外部性。资源的社会成本是资源利用活动付出的机会成本的总和，由于外部性的存在，社会成本等于私人成本和外部成本之和，即社会成本＝私人成本＋外部成本。从理论上讲，农业生产者在配置资源时应仔细计算资源利用过程中产生的所有社会成本，既包括私人成本又包括外部成本；由于我国农民环境意识薄弱，进行农业生产决策时，仅仅追求自身利益最大化，不把外部成本计算在生产成本内，使得社会成本和私人成本、社会收益和私人收益不一致，把应当由生产者承担的外部成本给社会和环境承担，导致的直接后果就是农业资源破坏和农业污染的发生。

农业污染具有负外部性。农民为了追求农作物高产,大量使用化肥、农药等农用化学品,污染和破坏农业生态环境,这些化学物质随雨水汇集到湖泊、河流等水体中,导致水环境污染,挥发后还会污染大气环境,这就是农业生产的负外部性。负外部性是农业生产者从事农业生产的边际社会成本和边际私人成本的差。由于农业污染难监测,污染责任无法确定,污染者并不承担负外部性的后果,而是由国家和社会来承担。因此,农业生产者为追求自身经济效益会毫无顾忌地实施产生负外部性的农业生产行为。

1.3.2.2 公共产品理论

公共经济学理论表明,社会产品包括私人产品和公共产品。由个人占有、使用,具有排他性、竞争性和可分割性的产品为私人产品。凡是由不特定的多数人共同占有和使用,具有消费的非竞争性、收益的非排他性和效用的不可分割性的产品为公共产品,任何个人使用此产品都不会对他人构成妨碍。农业资源环境属于公共产品,具有以下特性:一是农业资源产权不明确。法律规定,农村土地、森林、草原属于农民集体所有,但"农民集体"既不是单个农民个体的简单叠加,也不是一个实体组织,农村土地产权主体实际已被虚化,必然导致农业生产者对农业资源环境的短期行为,如过度利用土地忽视土地保护和可持续发展,毁林毁草造田、过度放牧、过度捕捞等破坏农业资源环境。农业资源环境产权不明,利用者会认为如果自己不利用这些资源,将会被他人消耗殆尽。因此,每个人都想快速耗费这些自然资源以追求个人收益的最大化,其消耗速度比资源产权明确时间要快得多。资源产权不明必然会导致对资源的过度和低效率的使用和浪费。二是资源使用的非竞争性。所有个体都可以公平地无竞争地获取或使用某种自然资源,他们无须付出任何代价就可以任意使用这些公共资源。三是收益的非排他性。非排他性是指一个人对某物的利用并不排除他人对该物的利用。任何一个资源的利用者对农业资源环境的使用并不影响或妨碍其他人对该资源的使用,也不会影响他人使用这种公共资源的数量和质量。

农业资源环境属于公共产品,具有开放性,所有的资源产权人都可以无限制地使用。必然会引发每个人为追求自身利益最大化而快速消耗公共资源,导致公共资源的过度消耗,产生"公地悲剧"。一群牧民在同一块公共草场上放牧,每一个牧民从个人利益出发都想多养一只羊来增加收益,因为草场作为公共产品,其退化的代价不是由个人而是由牧民共同负担的。当牧场上的羊足够多时必然导致草场不断退化,最终无法放牧,所有牧民破产,"公地悲剧"就产生了。公共资源的利用产生"公地悲剧",是因为几乎每个公共资源的利用者都面临着这样的囚徒困境:存在增加利用资源的可能时,自己增加利用而别人没有增加时则自己获利,自己增加资源利用而别人也加大利用时自己也不吃亏,最终的结果是所有人都会增加资源的利用,直到无法再加大利用时,这必然超出了资源最佳总体利用水平。因此,个体理性是引发集体利益受损的主要根源。

公共产品损害是由于私人边际成本背离社会边际成本,私人边际收益背离社会边际收益,不完全竞争的市场机制不能有效引导追求自身利益最大化的农业生产者减少和控制农业污染,因此单纯靠市场机制很难实现资源的有效配置,会引发市场失灵。政府作为公共利益的代表需要通过干预手段校正负外部性,实现外部成本内部化,增强农业生产者保护资源环境的责任,减少和控制农业污染。

1.3.3　农业污染产生的机理

农业污染是由于农户不合理使用化肥、农药等农用化学品,使过量的污染物在土壤中积聚,随着降雨、径流、侵蚀、渗透等自然因素的作用,污染物迁移转化,使污染物从土壤圈向其他环境特别是水环境扩散而产生的。可见,农业污染产生既具有社会经济根源,又具有自然环境根源。

1.3.3.1　农业污染产生的社会经济机理

农业生产的高风险性和周期性决定了农业生产是一个弱质产业。我国的经济政策导致工农业产品剪刀差长期存在,农业收益低下和农户增收困难,加之农户知识水平低下,劳动技能不足、人口增长以及农业资源的稀缺性和有限性等压力,农民在追求农业收益时,他们往往实施毁林、毁草造田等破坏农业资源的行为。由于农业生产方式和生产技术落后,常常过度依赖化肥、农药等农用化学品以追求土地产出;农业的效益低下,为了追求经济利益最大化,他们往往会减少农业在资金和劳动力方面的投入而转投其他产业,农地养护和农业生态环境保护被忽视。农村市场发育程度低,信息不畅,农业生产存在短期化,导致农业资源的不合理利用和浪费。粗放型、掠夺式的农业生产方式导致农业农田养分快速流失、水土流失严重、农业生态环境退化加剧等问题,导致农业污染的产生和加剧。农业污染产生的社会经济机理主要表现为:

1)农户为了追求个人经济利益最大化过度利用农业资源,导致个人利益最大化和社会利益最大化的背离,这和点源污染的机理相同。

2)农业收益低下,突出的人地矛盾以及粗放的农业生产经营模式是农业污染产生的直接推动力。

3)经济政策、制度导向、农户素质低下以及落后的农业生产技术和生产方式是农业污染的主要驱动力。

1.3.3.2　农业污染产生的自然机理

农业污染的产生离不开降雨、径流、侵蚀、渗透等自然过程,在农业生产过程中,积聚在土壤中的氮、磷、杀虫剂等化学品会随着这些自然过程进行迁移、转化和扩散,引起农业污染。

（1）氮污染机理

研究表明,施用的肥料中 $20\%\sim70\%$ 的氮被作物吸收,其他的氮元素与土壤有机质结合

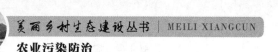

或者以硝酸盐形式存在于地下水中,其余的则进入大气。由于水的化学反应是非线性的,导致其对营养物质负荷和降雨的反应延时,使氮的控制具有滞后性。残留在土壤中的氮在氨化和反硝化作用下以不同形态挥发到大气中或渗透到土壤的深层。农家肥中氮大多为有机的或者以氨气形式存在,农家肥在有氧环境中氮损失率为70%～80%,在厌氧环境中损失仅为15%～30%。稳定肥料中的氮是促进作物对氮的吸收,抑制其硝化,从而减少其在土壤中的流动。

(2)磷污染机理

化肥的施用,家畜粪便和生活废水是磷的主要来源。在土壤中的磷即将饱和时,化肥的施用和牲畜粪便将引起有效磷和颗粒磷的流失。土地利用方式和集水区形态学也影响磷的流失。由于土壤对有机磷的吸附力弱,在某些地区有机磷的渗透非常显著。暴雨过后,沉积物中有效磷浓度明显升高。耕地上的磷一般随沉积物传输,要控制磷就要控制沉积物。在地表径流中控制磷流失的措施包括对使用前的土壤测试、在土地上覆盖农作物减少地表径流和侵蚀、实施保护性耕作和进行河滨区域管理等。

(3)硝酸盐污染机理

地下水中硝酸盐的污染状况和分布主要受地下水在水平方向流动的影响。改善灌溉方式能够减少硝酸盐对含水土层的渗透。影响硝酸盐的因素还有土壤质地、渗流区厚度、土地利用类型和肥料施用时间。

(4)杀虫剂污染机理

农户在农业生产中使用大量的杀虫剂,但杀虫剂的利用率很低,只有10%～20%附着在植株上,40%～60%降落到地面,5%～30%悬浮在空中,降落到地面的杀虫剂会随着降雨形成的地表径流进入水体或渗入土壤。土壤孔隙和裂缝会影响杀虫剂的传输速度,粗糙的土壤比细密的土壤水传导率和渗透率高。土壤pH值也会影响杀虫剂的传输,碱性环境中二溴氯丙烷的水解或降解较快。另外,耕种会影响土壤中杀虫剂的浓度,如减少耕种能控制杀虫剂在地下的扩散。

第 2 章　种植业污染防治

2.1　种植业污染概述

2.1.1　种植业污染现状

2.1.1.1　化肥施用引起的非点源污染

为了快速提高和保证产量,我国农民在作物生产中投入了大量的化肥。1980 年全国氮肥总施用量为 934.2 万 t,1990 年上升为 1638 万 t,2000 年高达 2161 万 t,2005 年达到 2221.9 万 t,2016 年达到 5984.1 万 t,增长迅速。我国化肥年使用量约占世界的 1/3,相当于美国和印度的总和。与此同时,我国单位面积的农药和化肥使用量也都迅速超过了世界平均水平。化肥的施用与流失加剧了我国日益严重的地表水富营养化趋势,还导致地下水硝酸盐超标。

（1）化肥施用强度大

我国是世界上化肥消费量增长最快、使用最多、农田化肥施用强度最高的国家。农业生产中化肥大量却不合理地使用是导致农业污染的另一个主要原因。可用于监视化肥污染源的主要宏观指标为化肥总施用量和氮、磷、钾细分化肥施用量以及单位耕地面积的施用量。目前,我国已经成为世界上最大的化肥生产国和消费国,化肥的施用量增长迅猛。据统计,2010 年全国农用化肥施用总量为 5561 万 t,是 1980 年使用量的 4.38 倍;单位面积耕地化肥施用量为 $434.3kg/hm^2$,是安全上限的 1.93 倍,然而我国化肥平均利用率却不及西方发达国家的 50%。在过量施肥的同时,还存在着氮、磷、钾施肥比例不科学、不合理的问题。长期以来,我国化肥使用以氮肥为主,磷肥和钾肥使用量过少,特别是钾肥。

（2）化肥利用率不高

我国农业化肥的利用率低、流失率高,来自化肥的营养物质已经成为湖泊富营养化的最大污染源。根据农业部门的调查,由于多数农民没有掌握科学施肥技术,我国化肥有效利用率很低,氮肥为 30%～50%,磷肥为 10%～20%,钾肥为 35%～50%,而发达国家化肥利用率可达 60%～70%。

我国化肥利用率低的原因是:一是施肥技术水平不高,很少采用包膜技术、缓释技术、复合配方等;二是氮、磷、钾施肥比例不合理。据土壤科学研究,适合我国作物生长的氮、磷、钾的比例为 1∶0.4～0.45∶0.25～0.30,而我国目前实际施用化肥的氮、磷、钾的比例为

1∶0.33∶0.2,氮肥偏多。根据农作物养分吸收原理,磷、钾养分偏少,会影响农作物对氮肥的吸收;三是我国化肥生产的品种结构不合理。长期以来,我国氮肥产量占化肥总产量的75%,而浓度低、易挥发的碳铵又占氮肥总产量的50%以上。一般来说,化肥被作物利用得越少,流失到环境中的就越多,从而成为水污染的重要来源。

(3)化肥污染日益严重

随着化肥用量的增大,化肥对土壤的污染日趋加重。大量的化肥流失,使得化肥中的有害物质及过剩的氨、磷等营养元素对土壤造成污染,恶化土壤的理化性质。长期过量施用化肥,会改变土壤的酸碱性,使土壤酸化或碱化,直接影响作物的正常生长发育;同时,施肥过量或不当会使土壤微生物受到不良影响,造成土壤有机质减少,肥力衰退。化肥中氮肥约占80%,磷肥约占20%,而资料显示,施入农田的氮肥利用率仅为30%~35%,磷肥利用率仅为10%~20%。因此,对环境污染最严重的是氮肥。大量使用氮肥,使得土壤中氮肥残留积累,在土壤的硝化作用下转化成硝酸盐和亚硝酸盐被植物吸收,各种作物、蔬菜和牧草中的硝酸盐、亚硝酸盐含量大大增加。硝酸盐含量高的饲料可引起牲畜疾病或死亡;硝酸盐也可在人体内被还原成亚硝酸盐,再与二级胺生成致癌物质亚硝胺;亚硝酸盐的浓度达到一定程度会引发高铁血红蛋白血症,使人呼吸困难,严重者可窒息致死。此外,过量的化肥还会通过地表径流、淋溶进入地表水和地下水,造成江河、湖泊、水库等水体富营养化。

2.1.1.2 农药施用引起的非点源污染

自从19世纪晚期杀虫剂应用于植物保护和20世纪40年代中期有机合成农药问世以来,农药在农业生产中就一直发挥着重要的作用,农药的使用量也急剧增长。农药是农业的直接污染源之一,其施用的大量超标和不对症施用是导致污染的根本原因。

我国是世界上农药生产和使用的大国。自1990年起农药生产量仅次于美国,位居世界第二位。这些化学品给农民提供了更便宜、更有效的保护农作物的方法,是保障农业丰收的重要生产资料。但是,农药的过量使用或使用不当也会污染环境,误杀非靶标生物,破坏生态平衡,危害人体健康。1998—2010年的12年间,我国农药的使用量增长了42.69%。通过对《中国农村统计年鉴(1999—2011)》中农药使用量的分析,农药施用水平总体上呈现出从西到东、从北到南的分布趋势,使用量较高的地区主要集中在东南沿海各省及湖北、湖南、安徽、江西、河南、四川等农业大省。目前,农药使用量最多的作物是蔬菜、果树和粮食作物(水稻、小麦),主要以杀虫剂为主,其中高毒农药品种仍占相当高的比例。2016年,我国农药使用量达到174.1万t,较21世纪初增长了36.1%。

但在农药使用过程中,大多施药者不能合理用药,导致农药利用率降低,滥用农药现象普遍,药害事故频发,环境污染严重,农产品农药残留高,严重影响了农产品质量和效益。据统计,在利用农药进行病虫草害防治的过程中,只有25%~30%能够喷到防治靶标上,喷到靶标害虫上的农药所占比例则不足1%,对害虫起作用的部分还不到全部用药量的0.03%,

足见农药的利用率之低;其余的则会有 20%~30%进入大气和水体,50%~60%残留在土壤中。近些年来,农药产业发展突飞猛进,其品种不断增多,高毒、剧毒农药层出不穷,使用范围不断扩大,使用量不断增大。人们所面临的农药污染问题越发严重,如何降低农产品和环境中的农药残留已成为世界各国的研究热点。农药污染主要表现在蔬菜中的残留量超标,我国制定有农药合理使用规范和最高残留限量标准,但据 2000 年农业部科教司组织省级农业环境监测站对全国 16 省自治区、直辖市的省会城市蔬菜批发市场的监测结果表明,农药总超标率为 20%~45%,重金属总超标率为 8%~20%,并监测出了 9 种违禁农药中的 8 种。据报道,长江、松花江、黑龙江等重要河流都已不同程度地遭受农药污染。在江苏、江西以及河北等地的地下水中也已发现有六六六、阿特拉津、乙草胺、杀虫双等农药的残留。

(1)农药对土壤的影响

农药对土壤的危害主要体现在其对土壤肥力、植物生长发育和植物病虫害相联系的微生物种类、数量和活性的影响。这些影响有直接或间接的、抑制或促进的、暂时或持久的、可逆或不可逆等。如杀虫剂和除草剂的大量使用会杀死土壤微生物或抑制其活动。土壤杀菌剂和熏蒸剂则影响土壤微生物体系间的平衡关系。农药通过对土壤微生物产生影响,进而影响土壤中酶的活性及营养物质的转化,改变农业生态系统营养循环的效率和速度,使土地生产力持续下降。同时,土壤中的农药残留还会造成重金属污染,土壤一旦遭受重金属污染将很难恢复。

(2)农药对害虫及其天敌的影响

在自然界中,害虫和天敌是相辅相成的,大量地施药使得害虫自身含药量居高不下,在生物富集作用下,天敌捕食害虫后其体内农药大量聚积,最终中毒死亡。同时,天敌体内聚积的农药可毒害其后代,使得后代天敌发生各种病变甚至死亡,造成害虫天敌大量减少甚至灭绝,加之害虫自身的抗药性使害虫种群急剧增长,对农作物的危害大大加重。目前使用的杀虫剂多数具有广谱杀虫活性,在杀灭害虫的同时给非靶标昆虫也带来了灭顶之灾。据调查,在日本东北地区,苹果园中使用化学杀虫剂使害虫种类迅速减少,仅仅 10 年时间,害虫种类由原来的 130~180 种急剧减少到几种。同时,有 40 多种害虫天敌灭绝,造成环境生态失衡。

(3)农药对农产品的污染

应用化学农药防治各种病虫害后,使植物本身吸附大量农药,且通过渗透进入植物内部,造成农药在农作物体内高残留,进而对农产品产生污染,尤其是蔬菜类产品农药残留将直接危害人类身体健康。常见的农药残留主要有有机磷和氨基甲酸酯类农药,如氧化乐果、乐果、马拉硫磷、甲胺磷、久效磷、倍硫磷、百克威、抗蚜威和西维因等。其中,剧毒的有机磷类农药年使用量约占 70%,而毫克级的有机磷类农药即可致人畜死亡。当农药残留在人体内达到一定的量,不为人体所分解时,将不可避免地发生各种病变。近年来,在各种食物中

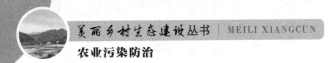

毒中,由农药残留引起的食物中毒所占比例越来越高,由农药引起的中毒死亡人数占总中毒死亡人数的 20% 左右。此外,在农作物的进出口环节,我国农作物因农药残留超标致使其在国际上的竞争力大大下降,直接造成经济损失。

(4)农药的生物放大作用

在食物链的自然规律下,生物会从环境介质或食物中不断吸收有毒物质并逐渐在体内积累浓缩。在整个生态系统中,农药通过生物富集与食物链的传递,逐级浓缩、放大,而人类处于食物链的最顶端,受害最为严重。农药的不合理使用最终会影响到生物的发育,诱发胚胎畸形、变异。此外,残存在土壤中的农药还会通过挥发、扩散、迁移、转化进入大气和水体。水体和土壤中的农药既会与大气中的农药发生交换,即挥发与沉降,又可经过植物的吸收进入植物体内。

2.1.1.3 地膜施用引起的非点源污染

我国 20 世纪 60 年代从日本引进覆膜种植技术,目前是世界上最大的地膜使用国。我国地膜产量、地膜用量和地膜覆盖面积均呈逐年递增趋势。由于地膜生产标准不统一,过薄的地膜增加了回收的难度,形成大量废弃物,残留在田间、河湖、沟渠,严重影响了农村环境。据统计,我国地膜残留率高达 42% 以上。由于我国使用的大部分的薄膜是不可降解塑料,在土壤中薄膜降解需要 200 年以上的时间,随着地膜使用年限的增长,日积月累的残膜碎片将改变土壤物理性状,导致土壤肥力下降,造成农作物的减产,对农业的可持续发展造成不可忽视的威胁。以小麦为例,地膜残留量为 $37.5kg/hm^2$,造成单产减产 7%,连续用 5 年地膜残留量将达到 $187.5kg/hm^2$,单产减产约 25%。此外,部分地膜的化学毒性对人体和动物都会造成伤害。

未降解的地膜埋入土壤中,会对土壤的物理性质产生不良影响,将直接影响土壤内物质和能量的传递,抑制微生物生长,改变土壤特性。残留地膜使耕层土壤容重显著降低,总孔隙度、非毛管孔隙显著增大;耕层土壤分散系数增大,结构系数降低;试验显示,耕层土壤结态碳占总腐碳的百分数在整个生育期明显降低,这表明覆膜处理消耗了耕层土壤中的有机碳,直接导致土壤肥力下降;残膜积累还阻滞上升水流补充到根层。残留覆膜使耕层土壤性状变劣,直接影响了后茬作物的生长。另外,塑料在自然环境中分解后会生成有害物质,对土壤造成直接危害,有害物质流入水体也会造成不可估量的危害。研究表明,连续使用地膜 2 年以上的麦田,每亩残留地膜达 103.5kg,小麦减产 9%;连续使用 5 年的麦田,每亩残留地膜达 375kg,小麦减产 26%。

2.1.1.4 农作物秸秆焚烧污染

随着农村经济的发展,一些城市郊区和粮食主产区,农民将秸秆作为传统生活燃料的需求减少,加之秸秆分布零散、体积大、收集运输成本高、利用的经济性差和产业化程度低等,导致剩余秸秆难处理。我国农作物秸秆主要来自水稻、小麦、玉米、棉花、豆类、油料、糖类,还有后来增加的蔬菜及花卉,其总量在 1983—2006 年增加了近一倍。其中水稻等谷类作物秸秆产量最大,而玉米秸秆、糖类秸秆和油类秸秆的数量则增长明显。我国农作物秸秆的利用率不高,据调查统计,2010 年我国秸秆理论资源为 8.4 亿 t,可收资源量为 7 亿 t,其中 30％剩余未被利用,为了赶农忙图方便,农民采取了在田间直接焚烧的方式处理,造成大气污染;秸秆焚烧后的草木灰有机质通过淋溶、地表径流等途径大量流失,也会严重地污染水体;秸秆焚烧还增加了农村地区空气中的二氧化碳浓度,增加温室气体排放量,严重影响了农村的环境卫生,对人类健康形成很大的危害,同时给交通、航运等带来安全隐患。

农作物秸秆焚烧是一种既浪费农业生物质资源,又污染空气环境和恶化土壤结构的不良行为。焚烧秸秆时会产生大量二氧化硫、二氧化氮以及可吸入颗粒物,特别是刚收割的秸秆尚未干透,燃烧时产生大量氮氧化物、碳氢化合物,在阳光的作用下还会产生二次污染物——臭氧等。这些有害物质严重污染了空气,危害人们的健康。然而在田间直接燃烧农作物秸秆,仅能利用所含钾的 30％～40％,其余的氮、磷、有机质和热能全部损失,而且焚烧秸秆使地面温度急剧升高,会直接烧死、烫死土壤中的有益微生物,破坏耕地环境和土壤结构,影响农作物对土壤养分的充分吸收,从而影响农作物产量和品质。

2.1.2　种植业污染特点

（1）化肥使用量大,利用效率低

化肥施用量大,利用效率低,成为水体和土壤污染中氮、磷污染的重要来源。氮肥和磷肥是我国农业生产过程中用于农作物增产的主要肥料。目前,我国化肥总用量居全世界之首,单位耕地面积化肥施用量是美国的 4 倍,而化肥利用率仅为 30％左右,不及发达国家的一半。化肥流失逐渐成为我国地表水、地下水及土壤污染的重要来源。降雨、灌溉时产生径流将化肥中的氮和磷养分带入水体,一方面引起地表水体富营养化,我国已经有一半以上湖泊的水质受到不同程度富营养化污染的威胁,其中部分湖泊达到重富营养化程度;另一方面引起地下水和饮用水中硝酸盐的含量升高,对人体健康具有致癌、致畸、致突变的严重危害性。另外,农田长期使用大量化肥,土壤结构受到破坏,使微生物和蚯蚓等土壤生物减少,致使土壤严重板结,影响农作物生长和粮食产量。

（2）农药使用量大,间接地危害人们健康

毒害农药施用量大,通过蔬菜、粮食等农作物间接地危害人们健康。我国农药使用以杀虫剂为主,占农药总用量的 80％以上,其中又以甲胺磷、敌敌畏等毒性较高、残留时间长的品种使用最多。喷洒的农药大约只有 1％接触到农作物的目标害虫,绝大部分农药残留在大气、水体及土壤中带来污染,同时还通过呼吸、饮水、农作物食品等直接威胁人体健康。特别是温热季节（6—9 月）的蔬菜和大棚蔬菜,菜农过量使用农药的现象更为普遍,农产品农药残毒超标及食物中毒现象时有发生。

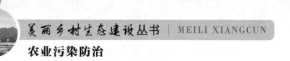

（3）地膜迅速普及应用，带来新的土壤污染问题

农业大棚经济的兴起，推动了地膜覆盖技术的普及应用，农用地膜使用量逐年增大，目前我国地膜的用量和覆盖面积均已居世界首位。农用地膜是高分子有机化学聚合物，很难降解，大量废膜滞留田间，降低了土壤的渗透性，使土壤保水保肥能力下降，且降解之后产生有害物质，逐年积累，最终破坏土壤结构和造成土壤污染。

（4）农作物秸秆焚烧污染，带来新的空气污染问题

农作物秸秆已经不再是我国农村生活的主要燃料，随着农作物连年丰收，秸秆产生量越来越大。很多地区秸秆都采用堆积田头、就地焚烧的处理方式，使秸秆中大量的有机养分以气体的形式散失到大气中，同时也增加了温室气体排放，造成空气污染。

2.1.3　种植业污染危害

（1）农药污染影响人体健康

有机氯农药、有机磷农药和有机氮农药等影响人体健康。农药成分附着在植物体上，或残留在植株体内，污染农产品；还有部分农药通过大气蒸发土壤表面水蒸气等形式扩散到空气中，或是随着雨水流入水体，污染河湖及水生物。农药残留通过大气、水资源、禽畜产品、食品等介质，最终传入人体，从而影响人体健康。

（2）化肥污染影响土地质量和人体健康

化肥污染主要是氮和磷的污染。长期过量使用化肥，未被植物吸收的部分在土壤根层以下积累或转入地下水，造成污染。施入土壤中的氮肥以铵盐或者硝酸盐的方式，最终转变为硝酸盐。土壤中大量的硝酸盐通过食物链影响人体健康。化肥污染破坏了土壤的肥力和结构，降低了土壤通气性和透水性，以至于土壤板结，耕地质量下降。

（3）地膜污染影响土壤肥力和土质恶化

降低土壤通透性，阻碍土壤毛细管水和自然水的渗透，影响土壤微生物活动和土壤肥力水平。影响种子发芽，导致作物根系生长发育困难，残膜隔离作用影响农作物正常吸收养分，影响肥料利用效率，降低产量，一般减产率 $8.1\% \sim 54.3\%$。残膜碎片混杂到饲料中，畜禽食用后造成了严重的消化不良，影响畜禽生长，甚至导致畜禽死亡。残膜不回收或者回收处置不彻底，没有进行全面清除，造成了视觉污染，同时，长年积累的废弃残膜影响了农业生产活动和土壤的透气性，造成土质恶化。

（4）露天焚烧秸秆造成大气污染，影响人体健康

秸秆焚烧造成大气污染，并含有大量有毒有害物质，威胁人与其他生物体的健康，极易引发火灾。在秸秆焚烧过程中破坏了土壤表面的微生物结构，有益微生物的正常活动受到了影响，改变了微生物的生物链，破坏了土壤表层物理结构，造成土壤板结，地力减弱，直接影响了农作物的生长，造成减产。

2.1.4　种植业污染成因

2.1.4.1　粮食安全保障压力,产业支持政策

我国的现状是人口众多,但是可用于农业生产的耕地在逐渐减少,粮食安全问题关系到国家的稳定。所以为了保证粮食安全,农业生产中特别重视提高粮食的产量,为了实现粮食的高产,化学品正在过量地使用,如农药、化肥等。而从现有技术看,农药、化肥等农业生产资料还没有其他的替代品。因此,从深层上讲,粮食安全问题导致了农业污染问题。

国家的相关政策间接导致了农业污染。国家针对农业生产出台了许多配套政策,这些政策的出台是为了增加粮食的产量。比如国家为了稳定农业生产,对化肥的价格实施了保护政策。在政策的刺激下,农民的种粮积极性提高了,但同时化肥的用量增加了。由于近年来化肥的进口价格也在降低,农民可以获得价格较低的化肥。农民为了增加粮食的产量,过量使用化肥,这种现象对农业环境造成了很大的破坏,实施的财政补贴最终间接地影响了农业环境,增加了农业污染物的排放。

2.1.4.2　污染防治工作监管不力,环保政策缺位

我国农业污染防治工作涉及环保、农业、畜牧、林业、国土、水利、建设等多个部门,各部门职能交叉重叠,缺乏统筹协调,污染防治难以监管到位,加上基层环保能力较为薄弱,监测和调查难度较大。另外,我国农业污染防治多为附带性的规定,这些规定可操作性差,缺乏相关配套的实施细则,使得农业污染防治在环境政策中最终只是一种倡议性的宣言,有些新技术在使用过程中缺乏必要的税收、财政政策等方面的支持,也不利于农业污染防治工作的开展。

2.1.4.3　农户污染防治意识薄弱,土地使用权分散,导致污染

减少污染不是政府和科研工作者能独立做到的,需要公众尤其是农户的参与,但由于受传统观念影响和科技文化知识欠缺,农户的环境意识和维权意识普遍不高,对环境污染和破坏的危害性认识不足,加上基层农业机构公益性的培训与推广服务严重缺乏,农民得不到科学施肥、用药等方面的培训,得不到科学种植的指导,外加种植成本和利益的影响,片面追求产量增长而忽视产品品质。另外,我国农村土地使用权较为分散,一家一户分散经营的模式加剧了种植业污染发生的时间、地点的随机性,排放方式与途径的不确定性,监测和控制的不易性,也加大了污染控制技术的推广难度。我国是耕地资源欠缺的发展中国家,为了实现增产和增收目标,在短期难以改变耕作技术的条件下,化肥、农药以及地膜等农用化学品的大量使用不可避免,许多农用化学品残留在土壤中。污染物含量虽然可以通过土壤的自净化得以降低,但是过量的污染物如果超过了土壤的承载能力,会大量残留在土壤中,会直接导致土壤的污染。由于土壤中含有大量的污染物,土壤中原有的生态平衡将会受到破坏,有益微生物数量会减少,生物种群数量将会减少,土壤的理化生物性质将会发生恶化,活性下

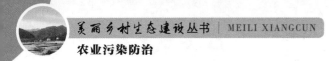

降,功能变差,会影响到土壤的生产能力。

2.1.5 种植业污染防治措施

（1）清捡田间的生产废弃物

广泛开展"田间地头顺手捡"活动,"顺手"捡出田间地头废弃的农药瓶、农药包装袋、肥料包装袋、塑料秧盘、地膜、棚膜等生产废弃物,防止残留污染环境。清捡的范围要覆盖城乡接合部、大镇大村周边、主要道路两旁、主要河流两岸等区域的农业生产基地,其他村屯清捡的范围也要逐步覆盖。清捡所得的生产废弃物要实行分类处理,能回收利用的回收利用,不能回收利用的,收集后统一分类为无毒无害的和有毒有害的生活垃圾转运处理。

（2）严格控制农产品产地源头污染

加大农产品质量的安全监测力度。严格禁止使用高毒高残留农药,提倡科学合理地使用低毒低残留农药,大力推广农业防治、物理防治和生物防治。加强农产品质量安全管理队伍和机制的建设,完善农产品质量的安全监测网络,采用法律手段,严打重罚违法违规使用高毒高残留农药。制定农产品质量的安全技术标准,推进农产品质量安全法制化。

（3）合理使用化肥、农药、地膜等农用化学品

发展以管道灌溉施肥、喷灌施肥、滴灌施肥等形式的水肥一体化技术,从而减少化肥、农药使用量,达到省水省工、节本增效的目的。对于地膜,一是应用具有一定强度和耐老化性的优质农用塑料薄膜、遮阳网等设施栽培材料,保证其在使用后仍可大块清除。二是推广使用可降解地膜,使其降解和灰化后的产物对环境和农产品无害。2017年,农业农村部启动、实施地膜回收行动,制定了《地膜回收行动方案》。2019年"中央一号文件"提出,要发展生态循环农业,推进地膜等废弃物资源化利用。

2.2 种植业污染防治技术

种植业污染控制技术一般分为源头控制技术、过程阻断技术和末端治理技术三大类。

2.2.1 源头控制技术

2.2.1.1 化肥减量技术

化肥减量技术是农业污染削减的重点与关键技术。化肥减量主要针对我国多数地区普遍存在的化肥过量施用现象,尤其存在于发达地区、粮食主产区和灌区。另外,从农业类型看,菜地、设施菜地、果园和花卉产地过量施肥比较普遍。化肥减量技术要从当地的实际情况出发,在试验与示范的基础上,根据产量目标确定具体的减量方案,切忌盲目减量,以免造成损失。化肥减量的依据,一是土壤肥力状况,二是目标产量。化肥减量主要是减氮肥,控

制磷钾肥的用量,通常以减基肥与苗期肥为主。依据多数地区的试验研究,一般粮食作物的氮肥减量幅度为10%～20%,对产量基本没有影响甚至略有增产,减产风险较低;蔬菜的氮肥减量幅度为20%～40%,基本不减产。化肥减量后的污染减排效果明显,农田土壤氮素流失减少15～30kg/hm²,设施蔬菜的氮素流失减少53～112kg/hm²。

2.2.1.2　环境友好型施肥技术

在华北地区采用氮肥后移技术研究了对土壤氮素供应和冬小麦氮素吸收利用的影响。结果表明,与农民习惯施氮(300kgN/hm²,基肥和拔节肥各占1/2)比较,氮肥后移处理(210kgN/hm²,基肥、拔节肥和孕穗肥各占1/3)在不降低小麦产量的同时,大大提高了氮肥利用率,且全生育期氮素表观损失极低。过量施用氮肥(300kgN/hm²)明显提高了60cm以下土层硝酸盐氮含量,增加了其向地下水淋溶迁移的风险。氮肥后移可提高小麦成熟期0～20cm土层硝盐酸氮积累量,降低其在20～100cm土层的积累。基于冬小麦不同生育阶段的氮素吸收量而进行氮肥后移是可行的,氮肥后移可节省氮肥30%,是较为理想的环境友好型施氮方式。

在长江中下游地区的试验研究表明,连续秸秆覆盖还田可以显著提高0～5cm、5～15cm和15～25cm土层土壤铵态氮、硝酸盐氮含量,并且随着秸秆覆盖还田年限的延长和用量的提高,三个土层土壤的铵态氮、硝酸盐氮含量的增幅也随之增加。在第五季水稻收获后,秸秆覆盖处理铵态氮、硝酸盐氮含量的增幅分别达到了18.83%～36.70%和12.04%～37.70%。秸秆覆盖还田使水稻生育前期土壤铵态氮、硝酸盐氮含量降低,有利于减少硝酸盐氮的流失。而后期氮素得到释放满足作物生殖生长的需要,有利于作物产量的提高。秸秆覆盖还田后,可以提高作物产量。其中旱季作物(小麦、油菜)的增产效应要高于水稻,并且作物的增产幅度随着秸秆还田年限和用量的增加而提高。连续秸秆覆盖还田促进了土壤无机氮的供应,减少因为氮素养分流失而对环境造成的污染,还有利于提高作物产量。

针对化肥撒施、一次性使用等传统施肥技术缺点与不足,采用条施、穴施、根施、分施、侧条施和后移施肥技术,能够有效提高化肥利用效率,减少流失损失与环境污染。水稻侧条施肥技术能够大幅度降低施氮量(大约40%),产量并未出现下降。水稻氮肥后移技术减少苗期用肥量,增加返青期、拔节期、抽穗期、孕穗期与灌浆期用肥,不但降低了氮肥用量,而且产量稳中有增。蔬菜分时段氮肥调控技术(基于根基氮素实时监控下的衡量施肥技术)的氮肥减少30%～40%,磷肥减少50%,土壤硝酸盐氮减少35%～50%。蔬菜碳/氮养分最佳管理技术的化肥减量30%,氮肥的农学利用率35%,土壤硝酸盐氮降低20%～32%。设施蔬菜非过水区定点施肥技术施用时水肥直接分离,水不直接接触肥料,土壤中水肥缓慢作用,逐渐释放,显著降低流失,实现节肥30%～40%。水肥一体化技术节肥50%、节水40%,硝酸盐氮淋洗减少65%。大田作物通过地表覆膜、秸秆覆盖、肥料条施与穴施氮素污染负荷可降低50.1%～60.3%。平衡施肥技术氮素的流失率降低22%左右。

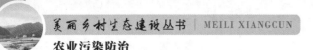
2.2.1.3　科学施肥与土壤培肥及污染防治实用技术

（1）叶面喷肥技术

叶面喷肥是实现作物高效种植的重要措施之一。叶面喷肥的特点：①养分吸收快；②光合作用增强，酶的活性提高；③肥料用料省，经济效益高。

一方面作物高效种植，生产水平较高，作物对养分需要量较多；另一方面，作物生长初期与后期根部吸收能力较弱，单一由根系吸收养分已不能完全满足生产的需要。叶面喷肥作为强化作物营养和防治某些缺素症的施肥措施，能及时补充营养，可较大幅度地提高作物产量，改善农产品品质，是一项肥料利用率高、用量少而经济有效的施肥技术。实践证明，叶面喷肥技术在农业生产中有较大增产潜力。

叶面喷肥在农业生产中虽有独到之功，增产潜力很大，应该不断总结经验加以完善，但叶面喷肥不能完全替代作物根部土壤施肥，因为根部比叶面有更大更完善的吸收系统。我们必须在土壤施肥的基础上配合叶面喷肥，才能充分发挥叶面喷肥的增效、增产、增质作用。

（2）测土配方施肥技术

测土配方施肥技术是对传统施肥技术的深刻变革，是建立在科学理论基础之上的一项农业实用技术，对搞好农业生产具有十分重要的意义。开展测土配方施肥工作，既是提高作物单产，保障农产品安全的客观要求，也是降低生产成本，促进节本增效的重要途径；既是节约能源消耗、建设节约型社会的重大行动，也是不断增肥地力、提高耕地产出能力的重要措施；既是提高农产品质量、增强农业竞争力的重要环节，也是减少肥料流失、保护农业生态环境的需要。

2.2.2　过程阻断技术

2.2.2.1　控制氮素流失技术

（1）秸秆还田控制土壤氮素流失技术

秸秆覆盖对巢湖流域旱地地表径流试验结果表明，秸秆覆盖能有效地减少地表径流量、侵蚀产沙量以及因地表径流引起的土壤氮、磷流失。在整个玉米生长期间，秸秆覆盖小区的总产流量与产沙量比传统耕作小区分别减少 30.47％和 2.88％；与传统耕作小区相比，秸秆覆盖小区随地表径流迁移的氮、磷流失总量分别降低 27.42％和 32.29％，但秸秆覆盖对径流中氮磷浓度的影响却不明显。太湖流域大田试验结果表明，秸秆还田能够显著降低稻麦两熟制农田周年地表径流氮、磷、钾流失量，不同处理周年地表径流总氮和钾的流失量由高到低均依次为少免耕、常规处理、肥料运筹、秸秆还田和秸秆还田减肥，不同处理周年地表径流总磷流失量由高到低依次为少免耕、肥料运筹、常规处理、秸秆还田和秸秆还田减肥，秸秆还田使稻麦两熟制农田地表径流氮、磷、钾流失量分别比常规处理下降 7.7％、8.0％、6.8％；水稻季农田地表径流总氮、总磷、钾流失量分别占稻麦两熟制周年总氮、总磷、钾流失量的

61.5%、44.0%、73.3%;秸秆还田还能使水稻成熟期土壤速效养分质量分数显著提高,使稻麦两熟制农田周年作物产量比常规处理略有增加。

秸秆还田配施氮肥对稻田土壤养分淋洗的影响结果表明,随氮肥用量增加,田间渗漏水中铵态氮、硝酸盐氮、总氮浓度随之增加;与秸秆未还田相比,秸秆还田降低了田面水与渗漏水中铵态氮、硝酸盐氮的浓度;秸秆还田下各处理30cm土层渗漏水中总氮和硝酸盐氮浓度最高,其浓度范围分别为1.09~12.76mg/L和0.76~3.74mg/L;总磷浓度范围为0.02~0.79mg/L,田面水中总磷浓度随施氮量的增加而增加,30cm渗漏水中总磷浓度大于60cm渗漏水。秸秆还能够显著降低土壤硝酸盐氮的流失。灌区水稻秸秆还田,硝酸盐氮30cm土层淋溶负荷对比中,半量还田为283.13kg/hm²,全量还田为280.75kg/hm²,与对照相比,半量还田负荷减少20%,全量还田负荷减少21%。

(2)农田灌溉控制氮素流失技术

太湖流域不同灌溉模式下氮肥分次施用对稻田氮、磷径流流失的影响结果表明,传统灌溉条件下不同施肥处理总氮、总磷流失量分别为4.41~17.85kg/hm²和0.28~0.44kg/hm²,其中氮、磷流失率分别为3.2%和0.17%。相对于传统灌溉,间歇灌溉模式下的氮、磷流失量分别降低了约22.90%和10.01%,其氮肥流失率降低了1%,磷肥流失率与其大致相当。间歇灌溉条件下氮肥分四次施用处理下的径流氮、磷流失量相对较低,且增产效果明显。小水勤灌、滴灌均能显著提高水分利用效率,节水分别为16.7%、36.0%,产量分别提高了38.7%、74.09%;同时,两种灌溉方式显著改变了硝酸盐氮在土壤剖面的分布,将更多的硝酸盐氮保留住以便作物能再利用。

(3)农田覆盖氮减排技术

巢湖流域旱地秸秆覆盖与平衡施肥条件下的径流、泥沙和氮素流失特征结果表明,相对于当地传统耕作区,秸秆覆盖和平衡施肥分别能减少30.47%和21.61%的径流量,减少22.88%和20.59%的泥沙量,表现出显著的水土保持作用。当地传统耕作处理氮向水体迁移的负荷量为3.04kg/hm²,流失系数为1.35,其中溶解态氮是氮迁移的主要形式,其浓度占总氮浓度的60%~88%。秸秆覆盖与平衡施肥均能有效降低径流氮的流失量,可分别降低27.42%和21.88%的氮流失,但其对径流氮浓度的影响却不明显。作物生长情况显著影响土壤氮素的流失,地上部分生物量与径流总氮的迁移量呈负相关关系。因此,秸秆覆盖和平衡施肥可以作为源头控制农田养分流失的较好措施。秸秆覆盖有利于提高氮肥利用效率,当施氮量不大于150kg/hm²时,对土壤硝酸盐氮残留量均没有显著影响;当施氮量高于150kg/hm²时,对土壤残留硝酸盐氮量则显著增加,0~200cm剖面出现明显的累积峰,秸秆覆盖土壤残留硝酸盐氮累积峰较不覆盖处理深40cm左右。秸秆覆盖可使侵蚀量显著减少,减沙效应十分明显。秸秆覆盖使坡面径流流速减弱,增加了表层土壤与地表径流的作用强度,使溶解和解吸于径流中的矿物质氮素含量增加。与裸地相比,秸秆覆盖可显著增加土壤

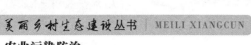

水分和硝酸盐氮的入渗深度和入渗量。因此,秸秆覆盖和平衡施肥可以作为源头控制农田养分流失的措施加以推广。

(4)坡地生物篱控制氮素流失技术

生物篱技术是指在坡地的坡面上沿等高线或果园梯地的坡边(中上部)按一定间距种植耐旱、耐瘠、矮秆、根系较为发达的多年生植物,使之形成梯状的拦护带,利用其根基固土保水。通过种植生物篱和生物覆盖等相关技术的配套应用,能有效减少水土流失和减少土壤水分蒸发,是目前提高坡地果园天然降水利用效率的一种农艺节水新技术。生物篱品种最好选用有一定经济价值的植物品种,如桂牧一号、桑树、黄花菜、木豆、茶树、蓑草等。利用生物栅篱植物护埂形成挡土的栅篱植物带,在生物栅篱的拦截阻挡和栅篱植物根系固结土壤的作用下,极大地减缓地表径流,减小水流携带泥沙的能力,减少水土和养分流失。菜地土壤种植香根草生物篱能有效降低地表径流以及减少因地表径流引起的土壤氮素流失。在辣椒种植期间,香根草生物篱种植小区的总产流量比传统辣椒种植小区降低了41.9%。与传统辣椒种植小区相比,香根草生物篱种植小区的地表径流中铵态氮和硝酸盐氮流失量分别降低了57.9%和59.7%,土壤侵蚀量平均降低了64.5%,侵蚀土壤的氮流失量平均降低了64.8%。在生物篱梯化护埂的基础上,配套横坡垄作由于垄面有一定的高度起到阻挡泥沙和水分的流动作用,有效减少地表径流和水流携带泥沙的能力,从而减少水土和养分流失。生物篱技术横坡种植、果园种草和小型人工湿地等使氮、磷流失降低了56.1%和22.2%,等高草篱防治坡耕地水土及氮、磷流失效果较好,减少了54%~88%。

(5)硝化抑制剂控制氮素流失技术

硝化抑制剂使氮肥更多地以铵态氮的形式保持在土壤中,减少了硝酸盐氮的积累。硝化抑制剂双氰胺(DCD)、3,4-二甲基吡唑磷酸盐(DMPP)在华北盐碱性褐土氮总矿化速率和硝化速率的影响结果表明,施肥后两周,DCD、DMPP分别使氮总矿化速率和氮总硝化速率分别减少了25.5%、7.3%和60.3%、59.1%,DCD对氮总矿化速率的影响显著高于DMPP。施肥后两周,土壤氮总矿化速率和硝化速率分别是施肥前的7.2~10.0倍和5.5~21.5倍;硝酸盐氮和铵态氮消耗速率分别是施肥前的9.1~12.2倍和5.1~8.4倍。新型硝化抑制剂对氮素迁移转化及其淋溶损失的试验结果表明,在27天内,新型硝化抑制剂能显著抑制土壤铵氧化过程的发生,显著提高20cm以上表层土壤铵态氮含量,降低表层土壤硝酸盐氮含量;深层土壤地下水硝酸盐氮浓度显著低于未加硝化抑制剂的对照土壤地下水的浓度,明显降低了硝酸盐氮垂直迁移的淋溶损失,不同的硝化抑制剂对土壤地下水氮素的迁移转化影响存在着显著的不同。硝化抑制剂DCD和DMPP对施加尿素对不同类型土壤的氧化亚氮排放、氮素转化速率影响研究的结果表明,抑制剂DCD和DMPP对氧化亚氮减排率为54.1%~75.9%,但对速效氮含量影响不显著,约24%的硝化潜势被DCD抑制,而在高含水量下DMPP却对硝化潜势无抑制作用。

硝化抑制剂能够减少旱季土壤氮素径流和渗漏损失,同时可使田面水的电导率下降,降低盐基离子随农田排水或暴雨径流所导致的流失风险。稻田应用添加 DMPP 抑制剂的尿素,与常规尿素处理相比,田面水中铵态氮的浓度增加 24.8%～16.7%,硝酸盐氮浓度降低了 47.7%～70.9%,亚硝酸盐氮浓度降低了 88.9%～90.6%,总无机氮浓度下降了 13.5%～23.1%。减施氮肥并配施 DCD 可以有效抑制韭黄菜地土壤氮素的流失,同时显著增加韭黄产量,减少韭黄硝酸盐含量。减施 20% 的氮肥,韭黄产量无明显减产,但可以分别减少淋溶、侧渗、径流水氮损失约 37.0%、22.2% 和 28.9%,减少韭黄硝酸盐含量约 13.6%。减施 20% 氮肥后配施 DCD,可以增加韭黄产量约 8.7%,分别减少淋溶、侧渗、径流水氮损失约 58.4%、59.7% 和 17.1%,减少韭黄硝酸盐含量 24.8%。

2.2.2.2　农药控制及科学使用技术

(1)农作物病虫草害绿色防控技术

农作物病虫草害绿色防控技术,其内涵就是按照"绿色植保"理念,采用农业防治、物理防治、生物防治、生态调控以及科学、合理、安全使用农药的技术,达到有效控制农作物病虫害,确保农作物生产安全、农产品质量安全和农业生态环境安全。

控制有害生物发生危害的途径有以下 3 个:一是消灭或抑制其发生与蔓延;二是提高寄主植物的抵抗能力;三是控制或改造环境条件,使之有利于寄主植物而不利于有害生物。具体防控技术有:①严格检疫,防止检疫性病害传入;②种植抗病品种。

选择适合当地生产的高产、抗病虫害、抗逆性强的优良品种,这是防病虫增产、提高经济效益的最有效方法。

(2)采用农业措施,实施病虫草害防治技术

通过非化学药剂种子处理,培育壮苗,加强栽培管理、中耕除草、秋季深翻、晒土、清洁田园、轮作倒茬、间作套种、灯光色彩诱杀、机械或人工除草等系列农业措施,创造不利于病虫发生发展的环境条件,从根本上控制病虫的发生和发展,起到防治病虫草害的作用。

(3)物理控制技术

应尽量利用灯光诱杀、色彩诱杀、性诱剂诱杀、机械捕捉害虫等物理措施。

1)色板诱杀。黄板主要用于诱杀粉虱、有翅蚜虫、斑潜蝇类、潜叶蝇、葱蝇成虫等;蓝板主要用于诱杀花蓟马、西花蓟马、葱蓟马等多种蓟马。

2)防虫网阻隔保护技术。在通风口设置或育苗床覆盖防虫网。

3)果实套袋保护。

(4)适时利用生态防控技术

在保护地栽培中及时调节棚室内温湿度、光照、空气等,创造有利于作物生长,不利于病虫害发生的条件。一是"五改一增加"。即改有滴膜为无滴膜,改棚内露地为地膜全覆盖种植;改平畦栽培为高垄栽培;改明水灌溉为膜下暗灌;改大棚中部放风为棚脊高处放风;增加

棚前沿防水沟。二是冬季灌水,掌握"三不浇三浇三控"技术,即阴天不浇晴天浇;下午不浇上午浇;明水不浇暗水浇;苗期控制浇水;连续阴天控制浇水;低温控制浇水。

（5）微生物防控技术

"源头控制"作为预防手段,是防治农业污染最有效的措施。在农业源头污染减量方法中,利用微生物技术研制"微生物肥料""微生物农药"及"微生物饲料"等能代替传统农业的产品,提高肥料效率,提升抗病效果,从源头减少农用化学品的投放与流失量。

如"微生物肥料"富含多种土壤有益微生物,包括解磷菌、固氮菌、硝化菌、放线菌和纤维素降解菌等,能利用空气中的氮源,激活土壤中的速效磷,降解有机质,最终提高肥效,减少肥料施用量;还能改良土壤理化性状,预防轮作障碍。

"微生物农药"指具有生防功能的微生物活菌及其代谢产物,微生物农药既能防病治虫,又不污染环境和毒害人畜,且对天敌安全,对害虫不产生抗药性。例如,枯草芽孢杆菌防治枯萎病、纹枯病;哈茨木霉菌防治白粉、霜霉、枯萎病等;寡雄腐霉防治白粉、灰毒、霜霉、疫病等;核型多角体病毒防治夜蛾、菜青虫、棉铃虫等;苏云金杆菌防治棉铃虫、水稻螟虫、玉米螟等;绿僵菌防治金龟子、蝗虫等;白僵菌防治玉米螟等;淡紫拟青霉防治线虫等;厚垣轮枝菌防治线虫等。还有中等毒性以下的植物源杀虫剂、杀菌剂、拒避剂和增效剂。特异性昆虫生长调节剂也是一种很好的选择,它的杀虫机理是抑制昆虫生长发育,使之不能脱皮繁殖,对人畜毒性度极低。以上这几类化学农药,对病虫害均有很好的防治效果。

在畜禽与水产养殖方面,微生物技术主要应用于饲料添加剂、粪便堆肥剂、养殖环境净化剂来减量污染排放,提升养殖品质和产量。微生物饲料添加剂可维持体内微生物菌群平衡、增强机体免疫力、促进营养消化吸收、缓解不良应激、改善排泄状况,从而提升畜禽产品质量。微生物饲料、堆肥剂、净化剂等技术的发展,有利于养殖废弃物的资源化利用,减少污染排放,并提升畜禽产品的产量和品质。

（6）抗生素利用技术

例如,宁南霉素防治病毒病;申嗪霉素防治枯萎病;多抗霉素防治枯萎病、白粉病、稻纹枯、灰霉病、斑点落叶病;甲氨基阿维菌素苯甲酸盐防治叶螨、线虫;链霉素防治细菌病害;春雷霉素防治稻瘟病;井冈霉素防治水稻纹枯等。

（7）植物源农药、生物农药应用技术

例如,印楝素防治线虫;辛菌胺防治稻瘟病、病毒病、棉花枯萎病,拌种喷施均可且安全高效;地衣芽孢杆菌拌种包衣防治小麦全蚀病、玉米粗缩病、水稻黑条矮缩病等,安全持效;香菇多糖防治烟草、番茄、辣椒病毒病,安全高效。

（8）太阳能土壤消毒技术

如晒种、温汤浸种、播种前将种子晒2～3天。采用翻耕土壤,撒施石灰,秸秆,覆膜进行土壤消毒,防枯萎病、根腐病、根结线虫病。

（9）植物免疫诱抗技术

如寡聚糖、超敏蛋白等诱抗剂。

（10）科学使用化学农药技术

在其他措施无法控制病虫害发生或发展的时候，就要考虑使用有效的化学农药来防治病虫害。使用的时候要遵循以下原则：一是科学使用化学农药。选择无公害蔬菜生产允许限量使用的高效、低毒、低残留的化学农药。二是对症下药。在充分了解农药性能和使用方法的基础上，确定并掌握最佳防治时期，做到适时用药。同时，要注意不同物种、品种和生育阶段的耐药性差异，应根据农药毒性及病虫草害的发生情况，结合气候、苗情，选择农药的种类和剂型，严格掌握用药量和配制浓度，只要把病虫害控制在经济损害水平以下即可，防止出现药害或伤害天敌。提倡不同类型、种类的农药合理交替和轮换使用，可提高药剂利用率，减少用药次数，防止病虫产生抗药性，从而降低用药量，减轻环境污染。三是合理混配药剂。采用混合用药方法，能达到少次施药控制多种病虫危害的目的，但农药混配时要以保持原药有效成分或有增效作用，不产生剧毒并具有良好的物理性状为前提。

（11）农药科学使用技术

比如选择适宜农药、种类与剂型；适时施用农药；适量用药；选择合适的施药方法，提倡种苗处理、苗床用药；轮换使用农药；合理混配农药；安全使用农药；严禁使用高毒、高残留农药品种，国家于 2015 年 4 月 25 日已经出台了新规定，违法使用高毒剧毒农药将被行政拘留；确保农药使用安全间隔期等。

2.2.2.3　科学的间套种植技术

间套种植是我国农民在长期生活实践中逐步认识和掌握的一项增产措施，也是我国农业精耕细作传统的一个重要组成部分。在农业资源许可的情况下，运用间套种植方式，充分利用空间和时间，实行立体种植，就成为提高作物单位面积产量和经济效益的根本途径。间套种植的发展与农业生产条件和科学技术水平密切相关，随着生产条件的改善和科学技术水平的提高，间套种植面积逐渐扩大，种植方式不断增添新的类型，推动了耕作制度的改革和发展。

正确运用间套种植技术，既可充分利用土地、生长季节和光、热、水等资源，巧夺天时地利，又可充分发挥劳力、畜力、水、肥等社会资源作用，从而达到高效的目的。我国的基本国情是人多地少，劳动力资源丰富，随着人口的不断增加，人均耕地相应减少，而人们对粮食和农产品的需要量却在日益增加，这就需要人们把传统农业的精华与现代化农业技术结合起来，使其为现代化农业服务。当前出现的许多新的高产、高效间套种植模式，已经向人们展示了传统农业的精耕细作与现代化农业科学技术相结合的美好前景，特别是在人口密集、劳动力充裕、集约经营、社会经济条件和自然经济条件较为优越的农区，立体间套种植将是提高土地生产率的最有效措施之一。因此，间套种植在农业现代化的发展中，仍具有强大的生命力和深远的意义。

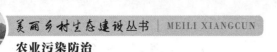

一般认为,立体间套种植有以下4个增产效应:空间互补效应,时间互补效应,土壤资源互补效应,作物适应性互补效应。

农作物间套种植的技术原则:

1)合理搭配作物种类,首先要考虑对地面上部空间的充分利用,解决作物共生期争光的矛盾和争肥的矛盾。因此,必须根据当地的自然条件、作物的生物学特征合理搭配作物,通常是"一高一矮""一胖一瘦""一圆一尖""一深一浅""一阴一阳"的作物搭配。在搭配好作物种类的基础上,还要选择适宜当地条件的丰产型品种。生产实践证明,品种选用得当,不仅能够解决或缓和作物之间在时间上和空间上的矛盾,而且可以保证几种作物同时增产,又为下茬作物增产创造有利条件。此外,在选用搭配作物时,应注意挑选那些生育期适宜、成熟期基本一致的品种,便于管理、收获和安排下茬作物。

2)采用适宜的配置方式和比例,搞好间套种植,除必须搭配好作物的种类和品种外,还需安排好复合群体的结构和搭配比例,这是取得丰产的重要技术环节之一。采用合理的种植结构,既可以增加群体密度,又能改变通风透光条件,是发挥复合群体优势,充分利用自然资源和协调种间矛盾的重要措施。密度是在合理种植方式基础上获得增产的中心环节。复合群体的结构是否合理,要根据作物的生产效益、田间作业方式、作物的生物学性状、当地自然条件及管理水平等因素妥善地处理配置方式和比例。

3)掌握适宜的播种期,在间套种植时,不同作物的播种时期直接影响了作物共生期的生育状况。因此,只有掌握适宜播种期,才能保证作物良好生长,从而获得高产。特别是在套作时,更应考虑适宜的播种期。套作过早,共生期长,争光的矛盾突出;套作过晚,不能发挥共生期的作用。为了解决这一矛盾,一般套作物必须掌握"适期偏早"的原则,再根据作物的特性、土壤墒情、生产水平灵活掌握。

4)加强田间综合管理,确保全苗壮苗,作物采用间套种植,将几种作物先后或同时种在一起组成的复合群体,管理要复杂得多。由于不同作物发育有早有迟,总体上作物变化及作物的长相、长势处于动态变化之中,虽有协调一致的方面,但一般来说,对肥、水、光、热、气的要求不尽一致,从而构成了矛盾的多样性。作物生长期的矛盾以及所引起的问题,必须通过综合的田间管理措施加以协调解决,才能获得全面增产,提高综合效益。

5)增施有机肥料,农作物间套种植,产出较多,对各种养分的需要增加,因此,需要加强养分供应,以保证各种作物生长发育的需要。有机肥养分全、来源广、成本低、肥效长,不仅能够供应作物生长发育需要的各种养分,而且还能改善土壤耕性。协调水、气、热、肥力因素,提高土壤的保水保肥能力。有机肥对增加作物营养,促进作物健康生长,增强抵抗能力,降低农产品成本,提高经济效益,增肥地力,促进农业良性循环有着极其重要的作用。增施有机肥料是提高土壤养分供应能力的重要措施。施用有机肥,一方面能提高农产品的产量,而且还能提高农产品的品质,净化环境,促进农业生产的良性循环;另一方面还能降低农业生产成本,提高经济效益。

6)合理施用化肥,在增施有机肥的基础上,合理施用化肥,是调节作物营养,提高土壤肥力,获得农业持续高产的一项重要措施。但是,盲目地施用化肥,不仅会造成浪费,还会降低作物的产量和品质。应大力提倡经济有效地施用化肥,使其充分有效发挥化肥效应,提高化肥的利用率,降低生产成本,获得最佳产量。

7)应用叶面喷肥技术,叶面喷肥是实现间套种植的重要措施之一。一方面间套种植,生产水平较高,作物对养分需要量较多;另一方面作物生长初期与后期根部吸收能力较弱,单由根系吸收养分已不能完全满足生产的需要。叶面喷肥作为强化作物营养和防治某些缺素症的一种施肥措施,能及时补充营养,可较大幅度地提高作物产量,改善农产品品质,是一项肥料利用率高、用量少且经济有效的施肥技术措施。生产实践证明,叶面喷肥技术在农业生产中有较大增产潜力。

8)综合防治病虫害,农作物间套种植,在单位面积上增加了作物类型,延长了土壤负载期,减少了土壤耕作次数,也是高水肥、高技术、高投入、高复种指数的融合;从形式上融粮、棉、油、果、菜等各种作物为一体,利用了它们的时间差和空间差以及种质差,组成了多作物多层次的动态复合体,从而就有可能促进或抑制某种病虫害的滋生和流行。为此,对间套种植病虫害的防治,在坚持"预防为主,综合防治"的基础上,应针对不同作物、不同时期、不同病虫种类采用"统防统治"的方法,利用较少的投资,控制有效生物的影响,并保护作物及其产品不受污染和侵害,维护生态环境。

2.2.2.4　绿肥技术

种植绿肥植物是重要的养地措施,能够通过自然生长形成大量有机体,达到以比较少的投入获取大量有机肥的目的。绿肥生长期间可以有效覆盖地表,生态效益、景观效益明显。同时,绿肥与主栽作物轮作,在许多地方是缓解连作障碍、减少土传病害的重要措施。

目前,全国各地季节性耕地闲置十分普遍,适合绿肥种植发展的空间很大。如南方稻区有大量稻田处于冬季休闲状态;西南地区在大春作物收获后,也有相当一部分处于冬闲状态;西北地区的小麦等作物收获后,有 2 个多月时间适合作物生长,多为休闲状态,习惯上称这些耕地为"秋闲田";近年来,华北地区由于水资源限制,冬小麦种植面积在减少,也出现了一些冬闲田。此外,还有许多果园等经济林园,其行间大多也为清闲裸露状态。这些冬闲田、秋闲田果树行间等都是发展绿肥的良好场所,可以在不与主栽作物分地的前提下种植绿肥,达到地表覆盖、改善生态并为耕地积聚有机肥源的目的。

直接或间接利用栽培或野生的植物体作为肥料,这种植物体成为绿肥。长期的实践证明,栽培利用绿肥对维持农业土壤肥力和促进种植业的发展起到了积极作用。

(1)绿肥在建立低碳环境中的作用

种植绿肥作物的措施虽不能解决农业提出来的全部问题,但在保护土壤、提高土壤肥力、防止农业生态环境污染、生产优质农产品等方面是行之有效的。绿肥作为一种减碳、固氮的环境友好型作物品种,特别是在当今世界提倡节能减排、低碳经济的情况下,加强绿肥增肥效果研究具有重要意义。研究发现:①施用绿肥可以提高土壤中多种酶的活性。翻压绿肥第一年和第二年,三种绿肥处理与休闲田相比,均提高了土壤蔗糖酶、脲酶、磷酸酶、芳基硫酸酯酶及脱氢酶活性。其中以翻压怀豆、大豆的综合效果最好。此外,随着施氮量的增加,土壤酶活性有降低的趋势,这种趋势在第二年的结果中体现得更为明显。②翻压绿肥可以显著提高微生物三大类群的数量,能显著提高土壤中的细菌、真菌、放线菌的数量。③翻压绿肥能显著提高土壤微生物碳、氮的含量。

(2)绿肥在农业生态系统中的作用

1)豆科绿肥作物是农业生态系统中氮素循环中的重要环节,氮素循环是农业生态系统中物质循环的一个重要组成部分。生物氮是农业生产的主要氮源,在人工合成氮肥工业技术发明之前的漫长岁月中,农业生产所需的氮素,绝大部分直接或间接来自生物固氮。要提高一个地区的农业生产力,就必须建立起一个合理的、高功效的、相对稳定的固氮生态系统,充分开拓和利用生物固氮资源,把豆科作物特别是豆科绿肥饲料作物纳入作物构成和农田基本建设中,以保证氮素持续、均衡地供应农业生产之需要。

2)绿肥作物对磷、钾等矿物质养分的富集作用,豆科绿肥作物的根系发达,入土深,钙、磷比及氮、磷比都较高,因此吸收磷的能力很强,有些绿肥作物对钾及某些微量元素具有较强的富集能力。

3)绿肥在作物种植结构中是一个养地的积极因素,绿肥作物由于其共生固氮菌作用及其本身对矿质养分的富集作用能够给土壤增加大量的新鲜有机物质和多种有效的矿质养分,又能改善土壤的物理性状,因而绿肥在作物种植结构中是一个养地的积极因素。

(3)绿肥起到农牧结合的纽带作用

畜牧业是农业生产的第二个基本环节,也称第二"车间",是整个农业生产的第二次生产,是养分循环从植物向土壤转移的一个更为经济有效的中间环节。农牧之间相互依存,存在着供求关系、连锁关系和限制关系。绿肥正好是解决这些关系的一个中间纽带。

(4)绿肥有净化环境的作用

由于绿肥作物具有生长快、富集植物营养成分的能力强等特点,它在吸收土壤与水中养分的同时,也吸收有害物质,从而起到净化环境的作用,有绿化环境、调节空气的作用。绿肥作物同其他草坪、树木等绿色植物一样,具有绿化环境、调节空气的作用。此外,种植绿肥对于保持水土、防止侵蚀具有很大的作用。

绿肥作为一种重要的有机肥料,绿肥能为土壤提供丰富的养分。各种绿肥的幼嫩茎叶含有丰富的养分,一旦在土壤中腐败、分解,能大量地增加土壤中的有机质和氮、磷、钾、钙、镁和各种微量元素,从而改善土壤的理化性质。为了使肥料结构保持有机肥和无机肥的相对平衡,就必须考虑增加绿肥施田。

（5）绿肥对提高农作物产量和质量的作用

绿肥能改善土壤结构,提高土壤肥力,为农作物提供多种有效养分,并能避免化肥过量施用造成的多种副作用,因此,绿肥在促进农作物增产和提质上有着极其重要的作用。种植和利用绿肥,无论在北方或南方,旱田或水田,间作套种或复种轮作,直接翻压或根茬利用,对各种作物都普遍表现出增产效果。增产的幅度因气候、土壤、作物种类、绿肥种类、栽培方式、翻压、数量以及耕作管理措施等因素而异。总体看来,低产土壤的增产效果更高,需氮较多的作物增产幅度更大,而且有较长后效。

（6）绿肥还具有饲用价值

绿肥不仅可以肥田增产,而且是营养价值很高的饲料。豆科绿肥干物质中粗蛋白质的含量占 15%～20%,并含有各种必需氨基酸以及钙、磷、胡萝卜素和各种维生素如维生素 B、维生素 B2、维生素 C、维生素 E、维生素 K 等。按单位面积生产的营养物质计算,豆科绿肥是比较高的。适时收制的绿肥蛋白质含量高、粗纤维含量低、柔嫩多汁、适口性强、易消化,可青饲、打浆饲,制成糖化饲料或青贮,也可调制干草、草粉、压制草砖、制成颗粒饲料、提取叶蛋白,还可用草籽代替粮食作为牲畜的精料等。

（7）绿肥对发展农村副业的作用

许多绿肥作物都是很好的蜜源植物,尤其是紫云英、草木棉等,流蜜期长、蜜质优良。扩大绿肥种植面积,能够促进农村养蜂业的发展,增加农民经济收入。紫穗槐、胡枝子、荆条等是农村编织业的好原料,生长快、质量好,适宜编织筐、篓等多种农具。桩麻、葛藤等的茎秆可用作剥麻、造纸和其他纤维制品的原料。草木犀收籽后的秸秆也可以"剥麻制绳"。田菁成熟的秸秆富含粗纤维,也可剥麻,种子还可以提取胚乳胶,用于石油工业上压裂剂,也可作为食品加工业中制作酱油的原料。箭舌豌豆种子则是制食用粉的原料。

综上所述,种植绿肥,不仅能给植物提供多种营养成分,而且能给土壤增加许多有机胶体,扩大土壤吸附表面,并使土粒胶结起来形成稳定性的团粒结构,从而增强保水、保肥能力,减少地面径流,防止水土流失,改善农田和生态环境。绿肥在农业生态系统中具有不可替代的多种功能和综合作用,在建设农业现代化中仍将占有相当重要的地位。特别是绿肥农业是以保护人的健康并保护环境为主旨的农业,随着人们对农产品质量的要求愈来愈高,绿肥农业将会有一定的市场和较高的产值。

2.2.3　末端治理技术

末端治理技术主要包括生态沟渠技术、人工湿地净化技术、生态隔离带工程技术、种植结构调整技术、秸秆农残降解技术、有害物质食物链转移技术、土壤客土法技术、地下注水消除技术等。

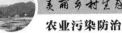

2.2.3.1　生态沟渠拦截控制氮素流失技术

生态拦截是采用生物技术、工程技术等措施对农田径流中的氮、磷等物质进行拦截、吸附、沉积、转化及吸收利用,从而对农田流失的养分进行有效拦截,达到控制养分流失,实现养分再利用,减少水体污染物质的目的。生态沟渠是在农田系统中构建一些沟渠,在沟渠中配置多种植物,并在沟渠中设置透水坝、拦截坝等辅助性工程设施,对沟渠水体中的氮、磷等物质进行拦截、吸附,从而净化水质。

例如,珠江三角洲利用生态沟渠,在保持排灌功能的前提下,对稻田排水径流中固体悬浮物、总磷、总氮、化学需氧量、铵态氮、五日生化需氧量的去除效率分别达到 71.7%、63.4%、49.9%、26.6%、14.5% 和 11.6%;对营养型和颗粒态污染物质的净化效果较好,对有机型污染物净化作用有限。其中,对固体悬浮物和总磷的作用最为明显,既减轻了稻田排水对附近水体的污染负荷,又增加了农田的景观效果。通过研究滇池柴河流域不同时期农田近自然生态沟渠杂草对农田径流水及土壤有效氮、磷的富集效应和测算杂草生物量及植株氮磷比值等,进行杂草去除氮、磷的效果测算及物种去除氮、磷效果量化,结果表明,同一物种或不同物种在不同时期,各杂草种间氮、磷富集差异较大,农田生态沟渠近自然杂草生物量与氮、磷养分吸收呈正相关关系,全年流域氮、磷富集总量为 $(37.86 \pm 9.9) kg/hm^2$ 和 $(4.27 \pm 1.19) kg/hm^2$,远远小于滇池流域氮最大流失量 $113.16 kg/hm^2$ 和磷最大流失量 $10.14 kg/hm^2$。太湖流域利用生态沟渠对排水中氮、磷拦截的差异,生态沟渠在不同进水浓度和水力停留时间下对氮、磷去除率均明显好于其他沟渠。在生态沟渠中每隔 3m 放置个过滤箱,在相同的进水浓度下放置拦截箱后对氮、磷的去除率明显高于放置前。对氮、磷的拦截率分别为 53% 和 55%。每亩减少排水量 $230 m^3$,减少氮、磷排放量 1476g 和 46g。

2.2.3.2　人工湿地技术

人工湿地是应用生态系统中物种共生、物质循环再生原理及结构与功能协调原则,在促进废水中污染物质良性循环的前提下,充分发挥资源的生产潜力,防止环境的再污染,获得污水处理与资源化的最佳效益。人工湿地生态工程是由人工建造和控制运行的人工介质、植物造的湿地上,使污水与污泥沿一定方向流动的微生物的物理、化学、生物三重协同作用,对污水、污泥进行处理和净化的技术工程。其作用机理包括吸附、滞留、过滤、氧化还原、沉淀、微生物分解、转化、植物遮蔽、残留物积累、蒸腾水分和养分吸收及各类动物的作用。

例如,嘉兴市石臼漾水源生态湿地工程是我国目前最大的城市饮用水水源处理系统,成为我国微污染水源水质改善的成功范例,已稳定运行多年。对该湿地近 3 年的水质改善效果研究表明,经过湿地净化,饮用水水源的溶解氧、总磷、氨氮含量指标、粪大肠菌群等主要指标提高了一个等级,湿地的主体功能区即根孔生态净化区和深度净化区发挥着相辅相成的净化作用;湿地水质净化效果的季节性变化明显,通常夏、秋暖季的净化效果较好,而冬、春冷季的效果较差;湿地运行 3 年期间对氨氮的去除效果和溶解氧浓度的增长呈逐年上升趋势,而对浊度、铁、锰和总氮的去除效果则逐年下降。

2.3　种植业污染防治案例

2.3.1　秸秆污染综合防治技术案例

选用秸秆综合利用技术,以棉秆生物基塑料技术为例。

2.3.1.1　工程基本信息

随着煤及天然气的普及,农民的生火方式发生了根本改变,棉秆不再用来生火,于是采取了焚烧的方式来处理,但棉秆与稻草不同,焚烧产物质地硬,不能当即入肥,成为不折不扣的废弃物,对环境产生巨大压力。同时,我国优质木材匮乏,森林覆盖率仅为国土面积的12.9%,居世界160多个国家和地区中的第120位。木材的蓄积量约为95.23亿 m³,人均拥有量是世界最低的,仅为世界人均拥有量的1/8。但是全国每年产生大量的农作物秸秆,综合利用率不足10%。

棉秆生物基塑料技术主要以废弃棉秆为原料,应用塑料填充改性和高分子界面化学等技术手段,将两者实现复合,然后通过混炼、塑化、造粒、挤出等工序生产出产品。该技术的推广应用可利用大量的废弃棉秸秆,从而减少焚烧给环境带来的污染。若用这些废弃秸秆中的1/3制作生物基塑料制品,每年可节省1000万 m³的木材。另外,棉秆生物基塑料可广泛替代普通塑料使用,从而减少石油消耗,减少二氧化碳排放。经调查,每吨普通塑料(如PE)二氧化碳排放量为3.13t,而棉秆生物基塑料的二氧化碳排放量仅为0.6t,节能减排效果非常明显。

2.3.1.2　工艺流程

工艺流程见图 2-1。该技术利用农业废弃棉秆通过破碎、研磨、干燥后,在多元复合理论指导下进行两相界面改性处理,解决棉秆纤维、无机粉体、塑料三元体系的界面结合问题。然后用已成熟的塑料挤出工艺将混合料塑化、造粒、挤出成型。

主要处理工艺:棉秆是由纤维素、半纤维素、木质素及抽提物等组成的天然高分子材料,是一种不均匀的各向异性材料,界面特性很复杂。各成分中又含有大量的极性羟基和酚羟基等官能团,其表面表现出很强的化学极性,所以必须在植物纤维的表面对极性官能团进行酯化、醚化、接枝共聚等改性处理,使植物纤维表面与塑料表面的溶解度相似,降低两种材料表面的相斥性,达到提高界面相容性的目的。利用化学方法,使用硅烷、钛酸盐、异氰酸盐等化合物作为偶联剂来改善棉秆生物基塑料界面的相容性,如具有双官能团的硅烷分子通过化学键与纤维填料的纤维素分子相连,其有机官能团与聚合物连接,从而在混合材料的界面上形成了由共价键连接的连接体。

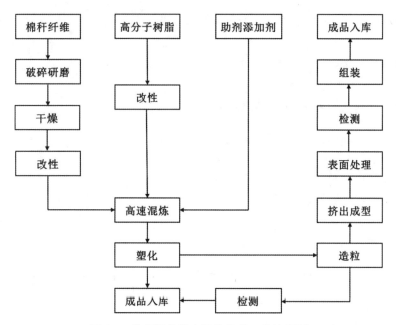

图 2-1　秸秆污染综合防治技术工艺流程图

2.3.1.3　主要参数

该技术采用双节机组的成型设备,产品主要技术参数见表 2-1,实行饥饿式喂料方式。根据物料所需要的混炼和塑化效果对挤出机的转速进行调整。为避免棉秆纤维原料分解,严格控制混料在挤出机中停留的时间。

表 2-1　　　　　　　　　　　　产品主要技术参数

项目名称	参数范围	单位
清洁度	≤5	个/100g
密度	1.20～1.40	g/cm³
水分含量	≤2.00	%
熔体流动速率	0.20～40.00	g/10min
拉伸强度	≥16	MPa
拉伸弹性模量	1300～2800	MPa
弯曲强度	7～25	MPa
熔融温度	120～130	℃

2.3.1.4　运行管理与维护

(1)技术指标

利用棉秆纤维为主要原料生产生物基塑料,替代木材和普通塑料使用,不仅可以节省大量木材,缓解森林资源短缺的矛盾,而且可节省地球宝贵的化石资源(石油、煤炭等);同时,对当前节能减排工作、"两型"社会建设起到推进和促进作用,也有利于发展我国的农业高新技术产业,延长农业产业链,促进农村经济结构调整和发展方式转变,更有利于改善农村生态和农民生活环境,提高农民生活质量,推进新农村建设。

(2)经济指标

2010 年,天华公司拟利用该技术在湖北省天门市侨乡经济开发区征地 100 亩,建设生物基材料产业园。总投资 4000 万元,其中主要设备投资 1800 万元,建设 10 条生产线。年处理棉秆 20000t,可生产棉秆生物基塑料近 33000t(生物基塑料粒料 20000t,生物基塑料制品 13000t)。年产值可达到 2.7 亿元,利税达到 5400 万元,农民增收 400 万元。整个生产过程不对外排放废水(冷却水可循环利用)、废渣(生产过程中产生的废料经破碎后可 100%再利用),真正做到清洁生产、"零"排放。

从农民手上按 200 元/t 的价格收购棉秆,经破碎、研磨、干燥后,60～100 目的棉秆粉末市场价约 1000 元/t。用棉秆粉末生产生物基塑料粒料(以 PE 为例)市场价约 6000 元/t,用生物基塑料生产出制品(PE),市场价约 12000 元/t。

(3)环境指标

我国是世界上第二产棉大国,年总产量 800 万 t。全世界每年的棉秆数量在 2.4 亿 t 左右,而我国也达 4000 万 t,数量十分庞大。棉秆为硬质纤维,不能当年入肥,对环境产生巨大压力。该技术推广后可大量利用废弃棉秆生产生物基塑料,减少木材和普通塑料的使用,既能增加农民的收入,又能减少二氧化碳的排放,为低碳经济作贡献。据专家测算,若开发利用我国现有的棉秆资源,以年处理 2000 万 t 为例,每年可以新增农民收入 40 亿元(按 200 元/t 棉秆的回收价计),创造约 1200 亿元产值,提供约 300 万个就业岗位。目前,每生产 1t 普通塑料要消耗 3t 石油,排放 3.13t 二氧化碳,而棉秆生物基塑料的二氧化碳排放量仅为 0.6t,若以棉秆生物基塑料代替普通塑料使用,相当于每年可减排 12210 万 t 二氧化碳,减少 9900t 石油的消耗。

2.3.1.5　工程的典型性与示范性

生物基材料的产业化推广源于 20 世纪 80 年代的美国,最初是作为改性塑料应用的。随着技术水平的提高,生物基材料制品逐渐具备了塑料、木材、金属等单质材料的优点,成为自成体系的新型材料。目前,各类生物基材料制品在美国、加拿大、德国、英国、荷兰、日本、韩国等国已得到较为广泛的应用,形成了比较规范的产业和市场。

我国生物基材料的研发工作始于 20 世纪 90 年代,比国外的研发晚了 10 多年。自 20 世纪 90 年代末期开始,随着美国率先对来自我国的木质包装进行限制,我国生物基材料的研发及其技术转化进入了一个快速发展时期。至 21 世纪初,我国生物基材料产业雏形渐成。

2009 年 3 月,天华公司利用该技术,投资 300 万元在国内主要产棉地区湖北省天门市黄谭镇建成一条棉秆生物基材料生产示范线。主要设备有棉秆破碎机、棉秆磨粉机、棉秆粉末干燥系统、半自动混配机、平双造粒机、单螺杆挤出机以及后整理设备等 20 台（套），具备年产 500t 生物基塑料和 1000t 棉秆粉末的生产能力。主要产品为室内装饰材料和户外铺板。在此基础上以"棉秆生物基塑料产业化研究"的名义申报了 2010 年国家级重点星火项目。

2.3.2 农药污染防治技术案例

以农田土壤中农药残留微生物降解和修复技术为例。

2.3.2.1 工程基本信息

农药残留微生物降解修复技术的原理是利用微生物对有机化学农药强大的降解能力通过人工接种高效降解性微生物或刺激降解性微生物大量生长，并给予一定的条件，使之能够在自然条件下将残留农药消除。

该技术能降解我国目前使用的主要农药残留，如有机磷（甲胺磷、1605、三唑磷、甲基1605、久效磷、敌敌畏、甲拌磷、毒死蜱等）、有机氮（呋喃丹、杀虫双、杀虫单）、有机氯（六六六、滴滴涕）、菊酯类（氰戊菊酯、溴氰菊酯、氯氰菊酯、杀灭菊酯、联苯菊酯等）和除草剂（阿特拉津、丁草胺、异丙隆、甲磺隆、氯黄隆）等各类农药。降解修复后，土壤农药残留含量降低 90% 以上，达到国家绿色农产品生产标准。

2.3.2.2 工艺流程

农田土壤中农药残留微生物降解和修复技术工艺流程见图 2-2。

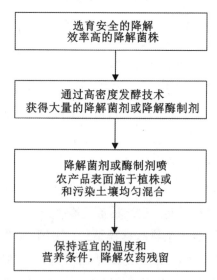

图 2-2　农田土壤中农药残留微生物降解和修复技术工艺流程图

农药残留微生物降解修复技术的原理是利用微生物对有机化学农药强大的降解能力，通过人工接种高效降解性微生物或刺激降解性微生物大量生长，并给予一定的条件使之能够在自然条件下将残留农药消除。该技术和物理化学方法相比，具有很多无可比拟的优点，如处理效果好,适合大面积非点源污染的修复,修复费用较低(仅为传统化学、物理修复经费的 10％左右),不产生二次污染等。

2.3.2.3　主要参数

降解菌剂和降解酶制剂年产量达到 3000t,修复农药残留污染土壤 30 万亩以上。降解修复后,土壤农药残留含量降低 90％以上,达到国家绿色农产品生产标准。

2.3.2.4　运行管理与维护

(1)技术指标

南京农业大学在农药污染微生物降解以及修复技术研究与应用领域进行了 20 余年的研究工作,获得 6 项国家"863 计划"、13 项国家自然科学基金(包括重点基金 1 项)、4 项科技攻关和农业部、江苏省等 50 余项项目的资助,建立了国内最大的保存有 1000 余株菌株的各类农药降解微生物种质资源库,30 余株降解效果国际领先,在有机磷和拟除虫菊酯农药污染降解修复研究与应用方面取得了一定成果,获得国家授权专利 12 项、国家重点新产品和农业部肥料正式登记证,在水稻、蔬菜和果树等农作物上应用累计 300 多万亩,成功生产出高附加值的无公害或绿色农产品 8 个,累计增加经济效益达 6 亿余元。获得国家科技进步二等奖(2005 年)、教育部技术发明二等奖(2008 年)、农业部神农奖一等奖(2009 年)和江苏省科技进步二等奖(2000 年),2005 年中央电视台新闻联播《创新中国》栏目对该技术进行专题报道,在 2009 年第十六届中国杨凌农业高新科技成果博览会上被大会评为"八大高新技术"之一。

(2)经济指标

农药残留降解菌剂年产量达到 3000t,每吨生产成本 3000～4000 元,市场售价7000～8000 元/t,年产生经济效益 1200 万元。农民使用降解菌剂,使用成本为约 100 元/亩,土壤农药残留消除后,生产出高附加值的无公害或绿色农产品,市场售价比一般农产品高 15％～20％,以农田平均产值 1500 元/亩计,农业公司或农民每亩增加收入 100～150 元(已扣除生物修复菌剂成本约 100 元)。每年应用推广 30 万亩,为农民企业或农民增加收入约 3000 万元。

2.3.2.5　工程典型性与示范性

化学农药作为一种现代农业必不可少的重要生产资料,为保护农业生产、保障世界粮食安全发挥了至关重要的作用,但大量使用化学农药也带来了严重的残留问题。我国因农田复种指数高、化学农药大量超标使用,农药残留问题尤其严重,据中国科学院南京土壤研究所及全国各地的环境监测站的检测数据表明,全国受农药污染的农田约 1600 万 hm^2,达到我国可耕种面积的 10％;土壤农药残留污染严重,导致农产品中农药残留检出率高。国际绿色和平组织2009 年发布了在北京、上海和广州三地进行的常见蔬菜和水果农药残留检测结果,结果触目惊心。化学农药残留在破坏生态的同时,也对人民身体健康和国民经济发展造成严重损害。据统计,我国发生的中毒事件中近 70％的中毒死亡事件是农药所致。我国加

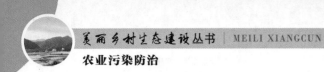

入WTO以后，很多发达国家把进口农产品的农药残留标准大幅提高，作为打压中国农产品出口的最有效的手段。据有关部门统计，我国农产品出口因农药超标而被退回的事件每年都会有五六百起，由此对我国农产品造成了恶劣影响及巨大的经济损失。

工程实例：本技术在江苏、山东、河北、浙江和江西等地建立了20余个针对水、蔬菜、金丝小枣、竹笋、柑橘等农作物与土壤的农药修复试验示范基地，应用效果显著。例如，2008年在环太湖地区的江苏省宜兴市和吴江市以及苏北地区的姜堰市建成三个核心面积1000余亩辐射10000余亩的稻田土壤生物修复示范性应用基地，经过6个月的生物修复，水稻田土壤中滴滴涕残留降解率97%以上，毒死蜱和噻嗪酮的降解率也分别达到了83%和62%，滴滴涕、噻嗪酮等农药残留也大幅下降，水稻亩产增加5%，取得了很好的效果。该项目为太湖专项项目，通过了以赵其国院士为首的专家组的验收。此外，本技术连续多年在大丰市的韭菜与射阳县的中草药土壤生物修复中取得很好的效果，并产生显著的社会效益、经济效益。目前，本技术已累计应用300多万亩，成功生产出高附加值的无公害或绿色农产品8个，累计增加经济效益达6亿余元。

第 3 章　养殖业污染防治

3.1　养殖业污染概述

3.1.1　养殖业污染现状

3.1.1.1　畜禽养殖业污染现状

随着畜禽养殖业的迅猛发展,畜禽养殖粪便的随意排放已上升为农业污染的主要污染源之一。畜禽养殖排放的污染物占整个农业污染的 30％左右,畜禽养殖区域的家塘、沟、渠、河、湖以及地下水均受到不同程度的畜禽养殖排放物的污染,严重的情况可谓触目惊心,水是黑的、空气是臭的。这些黑水、臭水通过水系的流动扩散形成面源污染。分析其原因主要是:有些畜禽养殖场规模小、分散、不规范、没有统一规划。有些养殖场虽然建设比较标准规范,配套了畜禽养殖排放处理系统(如沼气池等),但由于后期运行、维护没有跟上,其排放处理系统形同虚设,没有发挥什么作用。畜禽养殖污染管理、治理滞后带来的污染问题,尤其是一些病死畜禽的污染已引起了社会各界的高度关注。

(1)畜禽排泄物会污染空气

养殖场内的动物会产生大量粪便等排泄物,其中有大量病原微生物(污染源),空气中的病原微生物会严重影响周围居民的身体健康。畜禽养殖中会产生很多有害气体,如二氧化碳、甲烷、氨气和硫化氢等气体。其中,二氧化碳、甲烷会使温室效应更加严重,而氨气、硫化氢则会带来恶臭,影响农村及人居环境。这些有害气体不仅严重影响养殖场周围的空气质量,危害人体健康,同时也影响禽畜的生长环境,使禽畜生长的健康得不到保障,进而影响畜牧养殖场的经济效益。

(2)畜禽排泄物会污染水体

近年来,畜禽养殖业发展迅猛,畜禽排泄物污染也成为农业污染的大户。随着畜禽养殖业的迅猛发展,养殖区域也逐步由牧区向农区、由城市向城市近郊、由散养向规模化集约化发展。

畜禽排泄物无害化处理和综合利用的不足,直接导致了其对环境的污染。我国有机肥的重视还未达到应有的高度,畜禽业的迅速发展与排污管道和污水集中处理系统的缺失,导致本为养分源的畜禽粪便成为污染源。长期以来,我国的畜禽粪尿和养殖废弃物基本上是直接向自然环境排放,或直接还田,造成农田有机养分严重超负荷,土壤生态功能丧失。

一些畜牧养殖场不对禽畜排泄物进行相应处理,直接排放到河流、水库中,容易造成水体污染。畜禽养殖场排出的污水是一种高浓度的有机废水,其中营养物质有很多,如氮、磷等。养殖场废水使水体内的细菌增加,无法满足人或动物的用水需求,严重影响养殖场周围居民的生活用水质量,并且水体污染问题很难在短时间内清理,导致水生生物逐渐死亡,最后使河流、湖泊丧失使用功能。另外,养殖场废水不仅会污染地表水,使其富营养化,还会渗透到土壤中,慢慢污染地下水,提高水体的硝酸盐与亚硝酸盐浓度。如果人们长期喝这样的水,会使癌症病发率显著增加。研究发现,水源出现氮污染的主要原因就是养殖业污染。

（3）畜禽排泄物会污染农田

由于一些养殖户的环保意识薄弱,经常将未处理的禽畜粪便直接当成肥料施加到农田中,而未经处理的粪便中含有大量寄生虫卵、病原微生物等有害物质,使农田遭受污染。养殖户施加肥料的用量也没有符合农作物的生长需要,导致肥料施加量过大,使农作物出现贪青、疯长的情况,延长了农作物的生长周期,对农田造成严重损害,降低了农户的生产收益。

畜禽养殖业往往使用含有铜、锌、铁、砷等元素的添加剂,导致畜禽粪便中含有较多重金属元素。而这些粪便中的重金属和微量元素慢慢渗入土壤中,就会严重影响土壤中的有机物代谢,使得土壤平衡被破坏,最后影响农作物的正常生长,进而威胁人体健康。当前,畜禽废弃物是农业土壤重金属污染的重要成因。

（4）畜禽排泄物容易引起传染疾病

畜牧养殖业产生的污染问题可以导致人畜共患传染病的发生。根据有关部门统计,现已有100多种确认的人畜共患传染病,这其中大部分传染病与牛、羊、猪等家畜有关,严重影响人们的健康,因此,畜牧养殖业的污染问题给生态环境和人们的身体健康带来非常恶劣的影响,应采取相应的治理手段来改善当前这些恶劣情况。

（5）病死畜禽对环境造成的污染

据资料统计,我国畜禽养殖过程中由疫病导致的死亡率高于发达国家。我国每年饲养的畜禽达百亿只（头）以上,由于疾病流行,每年有数亿只（头）的畜禽发病死亡。病死动物及其携带的病原体如未经无害化处理,不仅会造成严重的环境污染问题,还可能引起重大动物疫情,危害畜牧业生产安全,甚至引发严重的公共卫生事件。

畜禽养殖业污染形势严峻,"十二五"期间,国家将农业污染源指标纳入减排范围,其核算指标为化学需氧量与氨氮。根据《全国环境统计公报》（2015年）,我国当年废水排放总量735.3亿t。废水中化学需氧量排放量2223.5万t,其中,农业源化学需氧量排放量为1068.6万t。废水中氨氮排放量229.9万t,其中,农业源氨氮排放量为72.6万t。数据显示,仅农业源的化学需氧量排放量占总排放量的将近一半,氨氮排放量占总排放量的1/3。而畜禽养殖业污染占农业源污染的95%,所以作为排污之首,畜禽养殖业"当之无愧",其排出的污染物庞大,甚至超出了城镇生活和工业源排出的污染物总量。

3.1.1.2 水产养殖业污染现状

水产养殖中的污染物主要包括水产菌种、过量饲料、化学药剂、排泄物等生物自身排泄物以及分泌物。鱼类摄食饲料没有被消化的部分会和肠道内黏液等化作粪便排出,排泄物有部分作为尿素及氨排泄出来,对排泄物没有科学合理的处理,就会造成自身的污染。

(1)水产菌种

水产养殖中水域环境的自身污染物主要有水产菌种。水产菌种能够有效地提高水产品的产量,但是不合格的水产菌种往往会适得其反,污染养殖的环境。

(2)投喂的肥料与饲料

肥料与饲料污染是比较突出的问题,由于水产养殖过程中对喂食的肥料和饲料没有合理的选择,管理上没有加强重视,从而造成了污染的问题。水产养殖的饲料投放要保持适量,能对饲料量合理地预估,科学地投喂,才能最大化降低污染的问题,保障鱼类的正常生长,也能保障生长环境的健康。肥料和饲料是培育水产品时不可缺少的成分,但是如果用量过多的话,会导致水域的富营养化,从而污染水域环境。

(3)化学药品

水产养殖中应用化学药物比较常见,主要是为保障水产的生存环境健康稳定,所以投放特定化学药品。而在化学药物的使用过程中用法用量控制存在不合理性,就会造成养殖环境的污染。水产养殖中为能够控制水生植物,采用杀藻剂及除草剂等,为控制有害的生物采用了杀虫剂及杀杂鱼的药物等,这些药物的使用如果保持在合理的范围,能够保障水产生存的质量,如果化学药物的应用控制不科学,这就必然会造成污染现象。

(4)排泄物

各种水产品的排放物质以及底部沉积物。若不及时清理,也会对环境造成水体富营养化污染。

3.1.2　养殖业污染特点

3.1.2.1　畜禽养殖业污染特点

(1)化学污染严重

现阶段,在畜禽养殖过程中使用大量的化学药物、添加剂、饲料,由于大部分动物蛋白质的利用率较低,饲料中丰富的氮、磷等元素都会随畜禽粪便排出体外,畜禽粪便中的有毒有害气体挥发到大气中,加大了酸雨和温室效应的概率,影响农作物的正常生长。很多养殖户将畜禽粪便作为肥料施加到土地中,促进农业生长,这无形中增加了土壤的氮、磷含量,严重污染了土壤,同时畜禽粪便中含有的各种药剂被植物吸收,对人类和畜禽造成不利影响。在雨水的作用下,氮、磷渗透到地下水中,形成水污染,对人们身体健康造成不利影响。还有一部分残留在畜禽动物体内的抗生素,随着畜禽被制作成产品,进而成为人类的食品,严重影响人类的生命健康。

(2)畜禽养殖自身污染严重

畜禽养殖自身污染较为严重,主要是因为畜禽养殖过程中会产生较多的粪便,这些动物粪便中含有较多污染环境的物质,若没有对此进行有效的处理,就会产生刺激性的气味,对周边居民的生活造成影响。随意焚烧处理畜禽粪便会污染空气,严重的会发生火灾,对人们的生命财产造成严重损失。畜禽养殖业所产生的废水是一种高浓度有机污染废水,其主要污染指标包括化学需氧量、氨氮、总氮、总磷等,排放水量与水质波动大,随着季节的不断变化,以及清理粪便的工艺不同,使得养殖场的实际用水量具有显著差异。目前,我国大多数集约化养殖场都分布在近郊区域,不仅分布在各个乡镇,而且点多面广,使得污染治理难度较大。

（3）生物污染

患病的畜禽排出的粪便中含有较多致病菌以及寄生虫,是导致人畜患病的主要传染源,如禽流感、结核病等,这都是较为严重的人畜共患传染病。如果畜禽粪便处理不当,就会滋生大量的蚊虫,进而引发疫病,对人类和畜禽的健康造成不利影响。

3.1.2.2　水产养殖业污染特点

水产养殖主要有两大污染特点,分别为人为污染和非人为污染,其中人为污染是造成坏境污染的主要原因,它影响了水产养殖业的发展,降低了水产品品质,带来食品安全隐患。

（1）人为污染特点

人为污染是水产养殖业污染的主要原因,它使自然环境失衡,给养殖户带来巨大经济损失,影响了我国水产养殖业的发展。

1）打捞工作造成的环境污染。

在水产养殖业中,有一部分环境污染是在产品打捞过程中产生的。打捞过程中,由于船只等现代机械的参与,会在打捞过程中发生石油泄漏,污染水域环境。另外,有时打捞人员会往水中丢垃圾,使得有害物质进入水域,造成水域的污染。

2）生物排泄物以及投食残余。

水产养殖多是密集型的,各类水产生物产生的各类排泄物得不到及时的净化,使得水质变臭,含有大量的有害物质,造成鱼类的生病与死亡。对于鱼类的饲养,在投食饲料中含有各类丰富的微量元素,破坏了水域的平衡,大量饲料残余也会滋生各类细菌,影响水质。

3）药物残留污染水质。

养殖户为净化水质投放的各类消毒水以及给水产生物治病的药对水域造成了污染。消毒水中有害物质会使得水域中的水掺杂有害物质,影响居住在附近居民的饮水安全。而且有些药物也存在一定的毒性。

4）水体富营养化。

水产养殖为追求更大的经济效益,一般都是高密度的养殖。这样的做法会使水中磷、氮超标,使水体富营养化,造成藻类大量繁殖,污染水质。

（2）非人为污染特点

非人为污染不是人类直接造成的,但也存在人类间接行为,主要有以下两点:

1)水生生物死亡所造成的污染。

水生生物的死亡会造成水质的污染,一些水生生物腐烂的尸体,会造成水体中含有各类病菌,如果不及时打捞,会加重水域内的污染,使得水生生物生病,给养殖户带来经济损失。

2)微生物污染。

微生物主要是水中含有的各类细菌、病毒等,如果水域中微生物含量过高,会造成微生物污染。微生物污染有一部分原因是人为造成的,但也具有自然因素。微生物造成的水产生物死亡会威胁人类的健康,使得水域中的生态环境严重破坏,治理难度较大。微生物污染还会使水质发生恶化,对周围植物都产生严重的影响。

3.1.3　养殖业污染危害

3.1.3.1　畜禽养殖业污染危害

(1)传播"人畜共患疾病"

据资料报道,全世界约有 250 种"人畜共患疾病",我国共有 120 多种"人畜共患疾病",其中:由猪传染的有 25 种,由禽传染的 24 种,由羊传染的 25 种,由牛传染的 26 种,由马传染的 13 种。家畜家禽粪便及排泄物是这些传染病的主要载体。

(2)造成空气质量下降

在微生物的作用下,畜禽粪便发酵产生大量的二氧化硫、氨气、甲烷、粪臭素、二氧化碳等有害气体,可达 230 多种。动物尿液、粪便、污水等释放的恶臭不仅会造成畜禽的应激,影响其生长发育,降低畜产品质量,而且会影响畜禽养殖场周围的空气质量,危害饲养人员和周围居民的身体健康。

(3)造成水质下降

饲养场污染物若不经处理,排入水流缓慢的水中(河流、水库、塘堰、田地),将导致水体难以再净化和恢复的"富营养化"。过量进入耕地会破坏土壤结构并污染地下水。

(4)危害农田生态

高浓度的畜禽养殖污水长期用于灌溉,会使作物徒长、倒伏、晚熟或不熟,造成减产,甚至毒害作物,使其出现大面积腐烂。此外,高浓度污水可导致土壤孔隙堵塞,造成土壤透气性、透水性下降及板结,严重影响土壤质量。

3.1.3.2　水产养殖业污染危害

(1)水产养殖自身污染加剧

1)营养物的污染,导致水体富营养化或水质恶化。

饲料污染是导致养殖水域环境恶化的主要因素之一。渔业生态及环境科学的研究表明,投入池塘或网箱喂养的饲料,通常有 30% 或更多未被鱼虾摄食,它们与鱼虾的排泄物一起沉到了水底。而养殖中产生的所有残饵、动植物残骸和排泄物,都会在水体中进行分解并为此消耗溶解氧,分解成以氨氮为主要成分的产物,这个过程会使得水中的溶解氧减少,而氨氮、亚硝酸盐氮、硝酸盐氮增加,水中滋生积累了大量的病毒、细菌和微生物,使水体的自净能力降低,最终导致水体富营养化或水质恶化,严重影响水产养殖。

2) 药物肥料的污染,导致水质恶化。

养殖户施放化肥、豆浆等用以增加水中的浮游生物数量;施放石灰、高锰酸钾、硫酸铜等用以消除或减少养殖池中的有害生物。为了减少损失,他们加大了用药分量;部分养殖户为了过分追求效果,追求低成本,不惜使用一些低价高残留药物或肥料;个别制药厂在产品名称追求立新,一药多名和一名多药,造成养殖品种中重复用药,过量用药;没有科学的指导盲目用药现象也加重了养殖中药物肥料残留的问题。这些残药和残饵、排泄废弃物导致了水质的污染,恶化了的水质又使各种病原生物大肆滋生,从而使病害蔓延。

3) 底质富集的污染。

池塘下层氧气条件较差,经过一定时间后,大量的残饵、肥料以及水生生物的排泄物等会因为无法及时分解而不断沉积,并与泥沙混合,形成具有一定厚度的淤泥。在这层淤泥里,有机物进行氧化分解,先消耗了大量的氧气,造成下层水长期缺氧;之后则在厌氧条件下分解,产生了大量的有机酸和氨等,导致水的 pH 值下降,这对养殖生物的生存和生长都是极其不利的。在这种不良环境中,有害微生物大量繁殖,养殖生物极易感染有害微生物而产生大规模的暴发性疾病。

(2) 周边生态系统的破坏严重

目前,我国大多淡水水产养殖场都将养殖废水直接排放,几乎不经过处理。如前所述,养殖水体会产生大量的有机物和微生物,致使接纳的水体出现富营养化的情况,最终危及多种水生生物,并大大超过了环境容量和环境自净能力,造成水体、池塘土壤、养殖生物到大气的连锁污染,即所谓的立体污染,最终也给国家造成了巨大的损失。

池塘养殖是我国淡水水产养殖的主要模式。为了追求更高的经济效益,养殖户往往进行高密度的养殖。这对于池塘生态系统的水体自净能力要求是很高的,但由于池塘本身的水体容量局限,往往导致水体的缺氧和富营养化,这样的结果将是大量浮游生物死亡。此外,药物的大量使用造成的水体污染现象也是常见的。当这些污染问题一旦形成协同效应,将使水域污染的范围和程度扩大化,如连带性的池塘生态系统破坏等。

我国大部分的湖泊和河道都具有丰富的生物资源和较高的生产力。然而,为了尽可能地增加渔业产量,养殖户往往忽略了水体生态系统的整体性和动态平衡,一味地投放饵料和鱼药促进生产。水体中不仅仅有鱼类这一种生物,饲养大量不同食性的鱼类,势必会对系统中其他生物群落产生影响。在我国的一些草型湖泊和河道,过量放养草食性鱼类,导致水草灭绝、水质恶化、水生生物消亡,水域整体生态环境退化甚至崩溃。

(3) 景观环境质量严重下降

景观环境指的是由各类自然景观资源和人文景观资源所组成的,具有人文价值和生态价值的空间关系。多数水产养殖场是以当地池塘、湖泊、河道和稻田等为基础建立起来的，是天然的景观和人为的建筑相结合的产物。古代有利用蔬菜、水果、水产生物等之间的相互依赖关系，创造了果基鱼塘和桑基鱼塘等。如今的科技水平早已超过古代，在自然风景的基础上，应该具备建立更好的景观环境的能力。然而，环保意识的薄弱和经济利益当先的短浅目光，使养殖单位和养殖户在经济发展和环境保护之间选择了前者。于是，水质恶化所导致的景观环境恶化情况逐渐严重。随着人们生活质量的提高，对于景观环境的要求将越来越高，而养殖导致的水体变色与各种残饵、残骸及排泄物带来的异味等必将对人们的感官产生不良影响。不仅如此，周边环境颇受牵连，土壤、大气的恶化也将随之而来，这一连串的变化所造成的恶果已经不能用简单的经济利益来衡量和弥补。

3.1.4　养殖业污染成因

（1）习惯不良

由于贫穷、落后、脏、乱、差、简陋的生活习性深深地印在农村人的思想中，不良思想严重地制约了环境污染的治理；懒散、凑合的生活习性也是造成环境污染的主要原因。

（2）处理成本高

例如，存栏量 2000 头的养猪场日产污水约 30t，存栏量 1000 头的奶牛场日产污水约 100t，出栏 1 头生猪污水处理成本要 20 元，1 头奶牛每年的污水处理费用要 260 元。如果加上折旧和固体粪便的处理，成本还要增加 50%，在西北地区没有农户能承担得起这笔费用。

（3）过度追求高产忽视污染问题

在养殖过程中，养殖户过度重视产量，片面追求高产，在养殖中投喂量和投饵量没有合理控制，以及残饵和粪便增加，会对养殖环境增加很大的负荷量，这就会造成富营养化水体排放。环保意识差，养殖技术的应用不科学，缺少科学喂食的技术，造成了残留量大及废料吸收利用率低的问题，使水环境受到污染。

（4）行政管理不到位

"山高皇帝远"的意识在农村中尚普遍存在，自己的事别人管了就闹矛盾，农民的事不好管，而且是越穷越不好管，"多一事不如少一事"的思想使得一些行政管理人员出现"拖、避、怕"现象，工作效率不高，再加上法规政策和措施不全面，执行力度不足及监管不到位等，水产养殖业的管理工作是比较重要的，在养殖过程中，如果没有做好管理的工作，如监管的力度不够，"生产研究薄弱"的渔药使用不当等因素，都会造成水产养殖业的自身污染问题出现。缺乏水产养殖排放废水行政监管，会对水体造成直接的污染。

（5）养殖业与种植业之间不协调

种植与养殖脱节，搞养殖没有足够的地种，有粪没处施用，有地的没有粪，另外，化肥的短期经济效果和方便程度优于农家肥，也促使了弃用农家肥的现象，从而造成了粪便的污染。

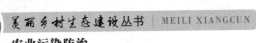

（6）住房与畜舍不分

当前河西地区的居住情况仍然是传统的一家一户因地建房的情况，一庄二院，一院住人，一院养畜，生活环境质量无法提高，人畜同处一个环境，长期生活，习以为常，见脏不脏，缺乏治理的意识。

（7）技术支撑弱

在控源减排、清洁生产、无害化处理，还是在资源化利用等技术方面，缺乏专门研究、推广和服务力量，造成单位产品粪污产量多、粪污处理不彻底、利用率不高等问题。畜禽养殖污染监测和治理的标准、方法、技术难以满足需要，无害化处理、市场化运作机制尚未建立。

（8）资金投入少

畜禽养殖效益比较低，大多数养殖户无力对污染治理进行投入。近几年，各级财政在畜禽污染治理上的投入较少，远不能满足粪污处理对资金的需求。金融部门的信贷积极性不高，已有的沼气发电并网和补贴政策难以落实，导致粪污治理设施设备配套不全、运转困难。

（9）积压的问题多

积压的问题主要表现在养殖场内部设施设备工艺落后，如长流水饮水，水冲粪、水泡粪工艺多，雨污混流，粪污贮存不符合防渗、防雨、防溢流要求，粪污处理利用设施不配套等，填平补齐改造投资需求量大，畜禽粪污处理欠账多。

3.1.5 养殖业污染源控制措施

（1）全面规划，合理布局

对于畜禽养殖业，首先在养殖场的选址方面，应选择在卫生条件达标的场所进行养殖，养殖人员应对养殖生产进行科学、合理的布局，还要考虑养殖场与居民点、水源、农田的距离，保证它们之间存在一定的安全距离。场址尽量选择地势平坦、远离城镇的区域，可以适当靠近种植区，同时要了解养殖场地的土壤对禽畜排泄物的容纳能力，进而确定养殖场规模。

对于水产养殖业，合理进行整体的养殖规划，这是避免养殖环境污染，让很多实际问题得到良好处理的依托。养殖者首先要结合喂养鱼群的种类、数量和养殖规划等做整体计划。有了这个前提后，才能够在饲料的选用和投喂量上做合理设定。此外，要综合养殖过程对池水深度做合理设计，保障为鱼类提供最适宜的生长环境。最后，要定期做养殖环境的监督和治理，当发现水池内污染状况严重，鱼群体现出明显不适时要及时进行环境的调整，将各种潜在问题进行有效处理，避免环境的恶化。水产养殖业污染的完善措施需要按照实际的需求加以科学规划，探索出适用性强的生态环保大水面的养殖模式。生态功能分区是保障分类管理工作良好开展的基础，所以要能从这一基础工作方面落实好。结合水体环境评价和确定的水产养殖功能分区结果，规划和核定水产养殖的水域，能有完善的安置方案，规划好天然水体养殖区域。

（2）开发粪污处理方法及技术

想要减少畜禽养殖业的污染问题,最重要的是对禽畜粪便进行无公害处理,这也是养殖业中粪便处理的主要方法之一。开发粪污处理技术包括以下内容:一是将禽畜粪便进行燃烧处理,把粪便、水和发酵菌按照一定比例装进沼气池中,制备沼气。沼气不仅可以当作燃料来使用,又保护了环境,对粪便进行二次利用。二是将禽畜粪便通过晾干、发酵干燥等处理,实现清洁环境的目的,还可以把粪便通过堆积和覆盖等方法进行生物发酵处理,这一过程可以将粪便中的病毒消灭,使粪便具有无害化特点,可以当作优质肥料来使用。举例如下:

1）有机肥的制作。

针对养殖场单独修建粪污处理设施投入较大,设备建成后不能有效利用和稳定运行的问题,有条件的地区,建议在养殖场或养殖小区附近集中建设标准化的粪污处理厂,通过政府补贴,养殖户与企业签订协议,配套建设污水连接管道,实现养殖小区内多家养殖场粪污集中处理,达到资源高效利用的目的。

2）清洁能源的生产。

将动物粪便装入厌氧反应器,进行厌氧发酵,产生的沼气经净化后进入贮气罐贮存,用于能源发电等,沼液作为肥料直接用于灌溉或经加工制成液态有机肥,沼渣进行堆肥发酵或还田处理,全过程实现资源能源利用。

3）深埋。

在耕地挖出 1m 宽、1m 深的沟渠,将所有的有机垃圾(除塑料制品外)埋入其中,上面盖 20cm 以上的土壤,既能肥沃土壤又能治理污染,是发展生态农业的好方法,也可将所有的垃圾(除塑料制品外)集中起来,置于一块空闲地,盖上 30cm 的土壤,让其自然发酵 3～4 年,变成优质的有机肥料之后施入农田内。

对于水产养殖业,水质富营养化问题的处理可以从两个方面着手。一方面,要及时进行一些废弃物的回收,比如残饵等要定期进行回收处理,避免水质的污染恶化;另一方面,可以透过低质改造的方式来解决水质污染的问题。可以采取吸泥、撒石灰或者投石等方法达到处理效果,这些都可以帮助水质的改善,避免养殖环境的进一步污染。

（3）饲料的合理配置,养殖水质的有效改善

很多时候养殖环境的污染问题来源于饲料配置的不合理,无论是饲料选用不当还是投喂过多,这些最终都会带来饲养环境的污染。因此,饲养者要对这个问题合理处置。要根据鱼类的生存状况和生长需求合理确定需要的喂养量和喂养种类。同时,要随着鱼群的生长适当调整饲料的选取与用量。合理的饲料配置可以避免很多污染问题的产生,能够为鱼群提供良好的生长环境,是需要有效落实的一点。

养殖环境会随着养殖的不断进行而逐渐产生变化,尤其是水质环境的变化会非常明显,这也是很多污染问题产生的根源。水质的变化受到的影响因素很多,首先,生物自身的排泄

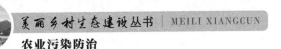

物一定要及时处理,否则会很大程度地影响生存环境。使用的化学药物要合理控制,类型和用量上都要合理。同时,养殖者应当定期观察鱼类的生存状态,如果发现明显的生存不适,要考虑由于养殖环境污染造成的各种问题,并且及时采取相应措施加以处理。良好的养殖环境的核心在于水质的保障,因此,对于这部分问题一定要及时处理,这样才能够很大程度避免养殖环境污染问题。

(4)加强清洁生产技术

想要更有效地解决畜禽养殖业中存在的污染问题,必须加强对清洁生产技术的进一步研究,着力推广和使用微生态养殖技术,如制备发酵床、保温床等。

1)发酵床。

如在养殖生猪过程中,可以在发酵床上进行生猪饲养,发酵床可以使猪的粪便更容易分解,实现猪舍免清洗,提高生猪养殖环境,发酵床可以用秸秆、锯末和专用的微生物制剂来铺垫成发酵床。

2)养殖动物保温床和垫床。

地面以下深挖80cm,四周用砖砌成围墙,底用混凝土打成地面;收集牛的粪便,夏季在强光下暴晒5天,晒干并让自然光杀死病原微生物;将废弃草和植物秸秆用粉碎机粉成直径0.3~0.5mm的草末;底层为第一层,铺上棉纱,高度为30cm;第二层铺上秸秆类物质,并浇上足量的水;第三层铺制作好的牛粪和草粉。这样制成的保温床上层干燥,不会寄生病原微生物,非常适合寒冷季节猪的睡眠和休息,真正成为治理环境污染、变废为宝、提高经济效益和社会效益的良性养殖技术。

(5)完善环境管理法规制度及相应监管体系

1)完善水产养殖环境管理法规制度。

为了保障水产养殖业的良好发展,需要从宏观层面加强重视,建立完善的水产养殖环境管理法律法规制度,制定水产养殖污染源的治理标准,能够重点对自身污染的问题处理工作加强管理。针对任意排放和超标排放的要严格按照法规制度处理,保障水产养殖业的良好发展。

2)完善相应监管体系。

要建立完善的养殖许可证制度,针对规模化以及养殖许可证发放数量做好限制工作,完善环境影响评估,确定环境容量,避免盲目以及超负荷发展水产养殖生产。除此之外,要明确水产养殖相关管理部门的职能,做好基础性的管理工作,完善环境监管系统,以保障水产养殖业自身的良好发展。

(6)建立区域循环经济模式

在畜牧养殖业中应用区域循环经济模式可以在畜牧养殖中的各个环节起到积极作用,如在规划养殖场时遵循因地制宜的原则,制定合理、科学的生产方案,对禽畜养殖的生产过程和生产布局进行合理安排。为了保护生态环境可以尽量减少燃料、肥料的使用,进而提高养殖的社会效益和经济效益,因此,在畜牧业中大力推广清洁生产技术可以改善环境恶化情况,实现畜牧养殖向更加专业化、规模化的方向发展。

1)制造动物饲料。

原理是通过生物的夺氧方式,阻止粪便的病原菌的繁殖;通过产生代谢产物和生理活性物质杀死粪便中的病原微生物,同时在发酵过的粪便中产生多种消化酶,提高粪便营养成分的利用率;被微生物分解过的粪便产生有机酸和营养物,还能够激活粪便中的酶原;菌体本身为动物提供营养,合成消耗维生素,影响氮元素代谢、类糖类物质代谢、脂类物质代谢。因此,动物粪便经加工处理之后可制成鱼饲料。再则,动物粪便中含有大量的未消化吸收利用的营养物质,可以用来养殖蚯蚓、蝇蛆,它们都是优质动物性蛋白质饲料,养鸡比饲喂同等数量鱼粉的产蛋量提高 20%,饲料报酬提高 15%以上。

2)制造其他建筑材料。

对一些清洁固体有足够长度的废弃物可制成各种大小及规格的压砖及压板,用于高效温棚等建设,既能降低建筑成本又能起到非常好的保温作用,还能减少温棚土墙的占地面积,是提高土地利用率的好方法。

3.2　养殖业污染防治技术

3.2.1　畜禽养殖业污染防治技术

2010 年,国家颁布的《农业固体废物污染控制技术导则》中推荐的畜禽污染防治技术有沼气工程(根据对沼液、沼渣的处理方式分为能源生态型沼气工程和能源环保型沼气工程两种)、堆肥和生物发酵床三大类工程技术。2006—2009 年,中华人民共和国环境保护部畜禽专项资金扶持的畜禽污染防治工程技术也分为能源生态型沼气工程技术、能源环保型沼气工程技术、有机堆肥技术和发酵床技术四种工程技术。

3.2.1.1　沼气工程技术

(1)能源生态型沼气工程

能源生态型沼气工程是从开发可再生能源的角度为出发点,将粪便水处理与污水资源化利用结合起来,既解决了环境污染问题,又充分利用资源,变废为宝。

畜禽场沼气工程是以畜禽场的粪便为原料,在隔绝氧气的条件下,通过微生物的作用将其中的高分子碳化合物分解为可燃气体(沼气)的工程。沼气,作为一种可再生、优质的清洁能源资源,无论是用作生活燃料,还是用于生产用能,均能减少石油、天然气等能源消耗,沼液、沼渣含有丰富的有机质、腐殖酸、微量元素、多种氨基酸、醇类和有益微生物,可以作为肥料,改良土壤,改善农作物生长环境,也可用于养殖、畜牧饲料。

养殖场应充分利用当地优势,因地制宜,将畜禽养殖与农业种植充分结合起来,既实现畜禽粪污的治理,又获得沼气的高值利用,另外,沼渣的处理与利用应与当地的种植业结合,避免无序使用,获得附带的经济效益。如果有足够的农田,经厌氧处理后的污水可作为农田

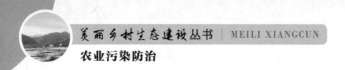

液肥和水产养殖肥水直接利用,如果消纳粪便污水的农田面积不够,则可作为肥料卖掉。

（2）能源环保型沼气工程

随着我国环境保护工作的不断加强,环保部门要求没有消纳沼液、沼渣能力的沼气工程增加后续处理单元,通过对沼液和废水的深加工,实现污染废水的达标排放,这种处理模式被称为能源环保型沼气工程。它是环保部主推的处理模式,即以厌氧发酵制取沼气为核心并结合环保要求的养殖业废弃物的处置与利用方式。

能源环保模式畜禽粪便沼气工程主要用于彻底处理畜禽粪便污水,所以要先进行固液分离,然后进行沼气发酵（厌氧消化）,再进行好氧处理,去除污水中的有机物及氮、磷等元素,使其最终达到畜禽粪便污水排放标准。

该模式的特点是在获取能源的基础上,对废水进行进一步的处理,以求最终达标排放。

在沼气服务体系建设方面,我国沼气工程建设主要按照"国家投入主导、多元参与发展、运作方式多样"和"服务专业化、管理物业化"的原则,逐渐建立以省级技术实训基地为依托、县级服务站为支撑、乡村服务网点为基础、农民服务人员为目丁的沼气技术支撑及服务体系。从2007年开始,沼气乡村物业化服务体系建设被列入国债资金项目予以支持,在全国开始服务体系建设。重点是按照"六个一"要求,加大了村级沼气服务网点建设力度,"十一五"期间,力争使全国适宜发展沼气的县级技术覆盖率达到100%,国债项目村沼气技术服务的覆盖率达到80%以上。农业部办公厅根据《农村沼气国债项目管理办法（试行）》和《全国农村沼气工程建设规划（2006—2010年）》,提出农村沼气服务体系建设方案。该方案还细化了养殖场沼气工程建设方案,要求各地认真研究提出加快养殖场沼气工程建设的规划和方案。

在沼气技术推广方面,我国以加强沼气知识宣传、教育培训、沼气技术示范推广等方式为主。例如,2005年11月,国家发展和改革委员会发布了《可再生能源产业发展指导目录》（发改能源〔2005〕2517号文,以下简称《目录》）。此《目录》收录了风能、太阳能、生物质能、地热能、海洋能和水能6个领域的88项可再生能源开发利用和系统设备、装备制造项目,其中包括沼气工程供气和发电等生物质发电和生物燃料生产及其设备、部件制造和原料生产,对具备规模化推广利用的项目,国务院相关部门将制定和完善技术研发、项目示范、财政税收、产品价格、市场销售和进出口等方面的优惠政策,用以引导相关研究机构和企业的技术研发、项目示范和投资建设方向。2019年1月2日,农业农村部办公厅关于做好农村沼气设施安全处置工作的通知,为深入贯彻落实党中央、国务院关于加强安全生产工作的决策部署的有关要求,做好农村沼气设施安全处置工作,有效防范安全风险。通知指出实行属地管理（坚持谁立项谁负责）、明确业主主体责任（坚持谁拥有谁负责）、科学分类处置（坚持因地制宜、分类施策,对正常使用的农村沼气设施,要建档立卡、规范管理;对闲置废弃的农村沼气设施,分类施策）。通知要求:各省（区、市）农业农村部门要加强领导,精心组织,做好宣传培训,落实安全措施,严防事故发生,妥善处理好各类农村沼气设施。各省（区、市）农业农村部门要根据本通知要求,尽快研究制定相关安全处置办法。《农业部办公厅关于规范户用沼气报废管理的通知》(农办科〔2013〕11号)自本通知发布之日起予以废止。各省(区、市)农业农村部门要全面梳理辖区内农村沼气设施建设运营和管理情况,尽快完成农村沼气设施摸底调查,建立台账。各省(区、市)农业农村部门要按照沼气设施相关标准、办法,指导农村沼气设施业主组织专业技术人员或委托专业机构进行专业拆除、填埋或改造。

1982年建成的成都凤凰山畜牧园艺场沼气工程是我国最早的代表型养殖场沼气工程。经过20多年的发展,我国沼气工程产业迅速壮大,目前,每年畜禽养殖场沼气工程建设投资已经达到10亿元以上规模,同时发展壮大了一批沼气工程建设和企业。截至2008年底,已经建成的户用沼气池3050万户,针对畜禽养殖场,大中型养殖场的大中型沼气池2700处。农业部发展大中型沼气工程的具体目标是以年均新建800处的速度发展,到2020年累计总量将超过10000处。

为确保沼气工程的顺利发展和建设,从中央到地方各级人民政府都设置了沼气行业的主管部门,同时制定并颁布了《沼气工程规模分类》《沼气工程技术规范》。有些地区甚至将厌氧发酵处理作为畜禽养殖业唯一允许并强制使用的污染防治工艺。例如,江苏省丰县规定:凡年出栏商品猪50头或出栏仔猪100头以上,年饲养蛋鸡500羽以上的规模养殖场(户),均应配建厌氧沼气池。

3.2.1.2 生物发酵床

发酵床养猪与我国农村传统圈养养猪很相似,即将农作物秸秆、树叶等放入圈舍,靠牲畜的踩踏及菌体的发酵分解,将粪尿转化为有机肥,可以说传统圈养养猪是早期生态养殖的雏形。20世纪90年代开始,发酵床养猪受到广泛关注和研究。

发酵床养猪最先起源于日本民间,后经日本学者明上教雄等人的研究及日本自然农业协会、山岸协会、鹿儿岛大学等单位的推广,发酵床养猪技术在日本得到了广泛应用。后来该技术传到韩国,经改进成为"韩国自然养猪法",经韩国自然农业协会推广,在韩国、朝鲜开始普及。

目前,"韩国自然养猪法"和"日本发酵床养猪技术"在我国山东省、辽宁省、福建省等地方开始推广。发酵床技术因为引进途径不同有不同的称呼,如"自然养猪法""日本洛东酵素发酵床养猪法""厚垫料养猪技术""生态养猪法"等。

日本是最早从事猪发酵床养殖技术研究的国家,并于1970年建立了第一个发酵系统,该系统利用坑道以木屑作垫料,上面加盖聚氯乙烯塑料布而成。1985年,加拿大一公司推出一个以秸秆为深层垫料,用钢管作支架,以塑料板盖顶,以木材作围栏、土壤为底板,配备水泥浇注食槽的发酵床系统。此后,发酵床养殖技术在日本与荷兰首先得到推广与应用,进入20世纪90年代,该项技术在世界各国得到深入研究并进行了应用与推广。

发酵床是遵循猪粪尿生物发酵理念,结合现代微生物发酵技术的一种环保、安全、有效的生态养猪模式,是一种无污染、零排放的有机农业技术,不需要对排泄物进行人工处理,达到零排放目的。其原理是在多种微生物的作用下,通过好氧发酵技术使畜禽废弃物中的硫化氢、吲哚、胺等臭味成分迅速消解,植物中难以利用的纤维素、蛋白质、脂类、尿酸盐等被迅速降解,转化为菌体蛋白、腐殖酸、维生素、氨基酸、促生长因子等对动物有益的物质而直接被吸收。作为近年来引进的新技术,发酵养殖技术受到广泛关注。

我国的部分省、自治区、直辖市开展了发酵床养殖技术的试验示范。江苏省镇江市科学技术局最先从日本引进该技术,此后该技术在全国得到推广。目前,发酵床技术在 28 个省、自治区、直辖市推广应用,应用面积达到 600 万 m^2,其中福建省有 100 多家养猪场运用该技术。重庆全市有 20 个区县的 62 个养殖场户开工建设发酵床零排放养猪场,已有 46 户建成猪舍面积超过 42 万 m^2,饲养生猪 10735 头,其中种猪 828 头、商品猪 9907 头,在建面积超过 2.5 万 m^2。

3.2.1.3　堆肥技术

堆肥技术是利用粪便中的需氧菌在有氧时大量繁殖、发酵的特点,在一定的碳氮比、颗粒大小、水分含量和 pH 值条件下,使微生物分解粪便中的有机质,从而杀死病原菌,使有机质达到稳定化的过程。

畜禽粪尿堆肥后还田利用,既可以有效地处置污染物,又能将其中有用的营养成分循环于土壤—植物生态系统中,从而减少化肥的使用,实现"粪水还田,养殖场零排放"的目标。但在还田处理不当时,也有可能破坏农田生态平衡,从数量和品质上影响生物量的积累,甚至造成地表水和地下水的污染。

我国农村利用杂草、秸秆等和畜禽粪便混合制成有机肥的做法有很长的历史,而现代堆肥多指好氧快速堆肥过程,在欧盟堆肥仅限于好氧堆肥,20 世纪 80 年代以来,国外采用此法者逐渐增多。在国内,采用好氧堆肥技术只是处于初始阶段。

由于有机肥存在见效慢、价格高、易受持久性有机污染物的影响等,自从化肥进入我国,有机肥的使用量逐年下降。根据农业部农技推广中心的数据,我国有机肥施用量占肥料总投入量的比例从 1949 年的 99.9% 降到 1990 年的 37.4%,2000 年又降至 30.6%,2003 年再降至 25%。早年的"有机肥"主要是农家肥,而非商品化的生物有机肥。有机、无机配合是我国农田施肥的方向与原则。

21 世纪初的我国肥料产业将面临有机肥料在衰落了近 30 年(从 20 世纪 70 年代开始我国的有机肥料应用每况愈下)以后的全面复兴以及新型生物肥料的兴起。逐步富裕起来的农民在摒弃笨重、粗糙、肮脏的传统有机肥料的同时,愿意率先在各种经济价值较高的农作物(如蔬菜、水果、各种经济作物等)上使用各种经过充分培熟、富含营养、做工精致、价格适当的商品化有机肥料以及富含各种高效有益菌种的活性生物肥料。

3.2.1.4　控制、减少土壤氮素流失技术

(1)畜禽粪便还田控制土壤氮素流失技术

堆肥和沼肥是畜禽粪便还田的另一种方式,是畜禽粪便在充分腐熟的情况下还田,与畜禽粪便还田具有相同的效果。不同来源的沼肥具有差别,鸡粪沼肥(鸡粪沼渣、沼液)和牛粪

沼肥(牛粪沼渣、沼液)对油菜、西芹累积总产量及氮素利用率的影响试验结果表明,施用鸡粪沼肥比施用牛粪沼肥处理的油菜、西芹累积总产量高;在氮素利用率上,鸡粪沼肥也显著高于牛粪沼肥,最高达到 35.4%。沼肥施用可显著增加土壤有机质含量,提高土壤总氮、总磷、总钾以及碱解氮、速效磷含量,效果以沼液根施最佳。例如,在京郊露地生产结果表明,大白菜的产量随施氮水平的增加呈线性变化趋势,当有机肥氮素用量为 1055kg/hm² 时,产量达到最高;当有机肥氮素用量超过 1019kg/hm² 时,土壤无机氮残留会急剧增加。研究沼气发酵产生的厌氧发酵残余物在培肥土壤过程中土壤速效氮的变化试验表明:与化肥相比,适量施用沼肥可减少土壤硝酸盐氮的累积,减缓硝化进程,可有效防止土壤硝酸盐氮的流失。

(2)堆肥与沼肥减少土壤氮素流失技术

畜禽粪便还田主要根据当地的畜禽饲养数量和土地的消纳能力进行,一定数量的畜禽粪便还田有助于提升土壤有机质,改善土壤物理性状,提升土壤养分储存能力,吸附和减少无机养分的流失,对提高氮肥利用效率和减少土壤氮素淋溶和径流流失有非常重要的意义。另外,通过加大畜禽粪便还田数量能够有效降低畜禽粪便堆积流失产生的环境污染风险。例如,四川省邛崃市根据区域耕地畜禽粪便最大氮负荷量进行了估算,将其与畜禽粪便发酵副产物沼渣、沼液还田产生的实际氮负荷量进行比较,除孔明乡、火井镇、回龙镇受到沼渣、沼液还田污染以外,其他各养殖区域沼渣、沼液还田尚未造成明显污染。因此,邛崃市畜禽粪便还田还存在较大的发展空间。畜禽粪便能够减少土壤氮素流失,不同层次情况有所差异,30cm 土层流失量减少了 2.3%,60cm 土层流失量减少了 4.8%~14.09%,90cm 土层流失量减少了 7.4%~13.8%。

3.2.2　水产养殖业污染防治技术

3.2.2.1　集装箱循环水养殖技术

积极发展循环水养殖,是将使用过的、不再适宜养殖水产品生长的养殖水体进行科学的沉淀、过滤和消毒等处理,重新改良为更适合水产养殖的优质水体,不仅解决了污染难题,又可以达到节约用水的目的,降低了养殖成本。

集装箱循环水养殖技术模式是渔业供给侧结构性改革过程中出现的一种生态养殖新模式,是生态养鱼和集约化养鱼的技术集成,是水产养殖理念的再一次革新。系统运营采用循环模式,不外排废物、废水,与生态农业、鱼菜共生等相结合,残饵、粪便资源化利用,可实现清洁生产零污染。集装箱循环水养殖技术解决水产养殖的自身污染,消耗能源和水土资源等根本问题,同时又做到化废为宝,增加养殖户的经济效益,具有较高的社会效益、生态效益和经济效益。

与传统池塘养殖模式相比,集装箱循环水养殖技术具有以下优点:

(1)食品安全

水质可控、温度恒定,病害少;建立食品安全可追溯体系,通过模块化管理与运营,每个养殖箱分配一个编号和二维码,并通过云端 APP 实时上传生产的数据,消费者扫描每个养殖箱的编号和二维码,实时了解产品生产过程,产品质量安全可信度高;无伤收鱼,可避免运输环节使用违禁药物,保障从出箱到餐桌的全程食品质量安全。

(2)环境友好

系统运营采用循环模式,不外排废物、废水,与生态农业、鱼菜共生等相结合,残饵、粪便资源化利用,可实现清洁生产零污染。

(3)土地集约化使用

节水、省地,产量高,可进行集约养殖、集中投喂、精准控制。

(4)生产智能化

改变传统粗放型生产方式,水产养殖实现工厂化、工程化、工业化,并做到标准化、精确化、智能化、景观化等。

(5)高产出高效益

精准调节水体中的溶氧量、pH 值、氨氮、硝酸盐等指标,确保养殖水质最佳,大幅度地提高鱼类成活率,提高饲料消化吸收率,降低饲料系数,降低养殖病害风险,有效地提高产量和生产业绩。

集装箱循环水养殖技术有利于实现室外工厂化管理、集约化养殖,符合我国水产养殖业的健康养殖发展理念,符合资源节约、环境友好的现代水产养殖业发展方向,能够广泛应用于池塘、塘坝、稻田等养殖生产,扩大可养殖水域面积,推动我国水产养殖技术转型和升级。

3.2.2.2 水产养殖环境污染的净化与修复技术

当前水产养殖环境污染的净化和修复技术主要分为原位净化与修复和异位净化与修复两类,这两类技术有其各自的优缺点。异位净化与修复技术的水质处理效果较好,能实现资源的循环利用和养殖尾水的零污染排放,但需要将养殖水移出原有水体,在原水体之外的固定处理单元里进行净化修复,需要消耗额外的空间、能源等;原位净化与修复技术在原水体环境中进行,无须占用额外的空间,在土地资源日趋严峻的形势下,体现了其有利的一面。

(1)原位净化与修复

原位净化与修复技术包括物理技术、化学技术和生物技术,其中应用最广泛、效果最好的是生物技术。物理技术主要是机械增氧、底泥疏浚;化学技术主要是投入氧化剂提高水体中的氧化还原电位、使用络合剂络合金属离子等,而生物技术主要是利用水生植物和微生物来净化水体环境。因养殖水体环境中的污染物多为氮、磷等植物性营养元素及五日生化需氧量、化学需氧量等有机污染物,其恰好是水生植物和微生物生长所需的营养物质,故可通过生物的生长代谢来完成物质循环、污染物的净化及生态的控制。近年来,有关此方面的研究成果较多,如利用人工弹性填料构建固定化微生物膜处理养殖水体、浮床种植空心菜净化池塘养殖环境,见图 3-1。

图 3-1　浮床植物净化水体

（2）异位净化与修复

异位净化与修复技术主要是人工湿地循环水处理技术。人工湿地循环处理系统是指通过模拟自然湿地，人为设计与建造的由饱和基质、水生植物、动物和水体组成的复合体系。按水流方式的不同可将其分为表面流湿地、潜流湿地和垂直流湿地三大类型。人工湿地具有投资少，效果好，运行维护方便，氮、磷去除率高和对负荷变化的适应能力强等优点，目前已广泛应用于处理生活污水、工业废水、面源污染、恢复和净化受污河流、湖泊等诸多方面。将人工湿地用于水产养殖循环经济模式中净化养殖废水的研究已有报道。如复合垂直流人工湿地处理养殖水体的效果为水体中浮游动物和固体悬浮物的去除率分别达 60％和 70％，水质得到显著改善。

运用水产养殖环境污染的净化与修复技术，即科学地采用化学、物理等高新技术提升水体中的氧气含量；依托微生物与水生植物的功能，促进水体净化的生物技术，也可使用人工湿地循环水处理技术，对养殖污水进行净化处理。

3.2.2.3　绿色养殖技术

采取绿色养殖方式，水产养殖从业者应该重视养殖过程中的绿色养殖，在养殖过程中会大大降低环境污染的程度。绿色养殖是指使用具体的无污染、无药物超标的优质饲料、肥料以及选择优良水产动物苗种等，并在优质的水体环境中养殖水产品的方式。尽可能地降低抗生素等药物的使用，多采取绿色环保类药品在水产养殖方面的合理使用，使其能够达到既防止环境污染的目的，又保护生态环境的双重功效，因此，绿色养殖技术也有着非常广的市场前景。

3.3　养殖业污染防治案例

3.3.1　畜禽养殖业污染防治案例

3.3.1.1　北郎中村畜禽养殖现状研究

（1）北郎中村的基本情况

2008 年北郎中村全村有农户 520 户，本地居民 1520 人，人均纯收入达到 1.5 万元。全村农业土地面积 268.53hm²，其中 66.67hm² 为种养结合的生态养殖园区，其余为苗木基地、果园、林地和玉米试验田等。近年来，北郎中村依靠地处北京这个国际大都市城郊的地理优势，充分利用自身的区位优势和土地资源发展都市型现代农业，已经形成了颇具特色的养猪产业和园林植物生产体系，同时以此为依托逐步向外延伸产业链条，发展了以食用农产品加工为主的特色产业，相继建起了年屠宰商品猪 100 万头规模的市级定点屠宰厂、50 万 t 规模的面粉厂、1000 万穗规模的糯玉米食品厂和食用农产品配送中心。

(2)规模化养殖的环境影响

北郎中村从 1994 年起就大力发展规模化养殖业，并逐步取代了种植业在农业中的主体地位，成为支柱产业之一，并带动了相关绿色农产品产业的发展，北郎中村被誉为"京郊养猪第一村"。北郎中村养猪业已成为该村农业中的主导产业，但北郎中村规模化养殖业的发展带来可观的经济利益的同时，也给当地生态环境造成了很大的威胁。

1)对土壤环境的影响。

畜禽粪便中含有大量的氮磷化合物、重金属和病原菌微生物。如果有足够的土地容纳，其中的氮、磷成分会成为植物优质的营养源。如果过量施用或堆放处理方式不当，含氮化合物会分解形成亚硝酸盐，给土壤造成危害，降低土壤的生产价值。而磷化合物大多富集在土壤的表层，并具有累计效应，容易造成作物的倒伏和疯长等。现有研究表明，当表层土壤中有效磷水平大于 20mg/kg 时，能满足作物对磷的营养需求，而不需要使用磷肥；而当表层土壤中有效磷水平大于 60mg/kg 时，会威胁到水环境安全。同时，有研究表明，表层土壤中过量的重金属容易被植物的根系吸收而向籽实迁移，然后进入食物链，对人畜健康构成了威胁。

2)对水环境的影响。

规模化的养殖方式需要大量的生产性用水，用于冲洗圈舍、动物饮用等。如果粪便得不到及时的处理，也常会伴随着污水通过地表径流而侵蚀并污染地表水或地下水。由于畜禽粪便中富含氮、磷和有机物，若这些污水不经过处理直接排放，也极易造成周边水体富营养化。

3)对空气质量的影响。

畜禽排泄物在无氧条件下，大量未发酵的营养物质会发酵产生氨气、粪臭素等有毒有害气体，其中对空气质量影响最大的是氨气。氨气是一种有毒气体，氨气进入呼吸系统后，可引起畜禽咳嗽，上呼吸道黏膜充血，分泌物增加，甚至引起肺部出血和炎症。氨气排出舍外，不仅污染大气环境，由于氮的沉降还可能引起土壤和水体酸化。

(3)畜禽废弃物处理与资源化利用方式

为减轻和控制规模化养猪业发展所带来的环境污染，改善农村生活环境和农业生态环境，保证规模化养猪业的可持续发展，北郎中村采取了一系列的污染治理和环境保护措施，建立了相应的"生态环能工程"对养殖废弃物进行集中处理并加以综合化利用，取得了一定的效果。

1)管理措施。

①园区化的集约饲养。

在离居民点较远(大于 500m)，交通较为便利，而又与耕地直接邻接的区域建立了种养结合的养殖园区,并逐步配备建立了防疫站、人工授精站、饲料加工厂等相关设施。生态养殖园区共占地 66.67hm²,其中农田面积 26.67hm²,猪舍栏位净占地面积 12hm²。猪舍内建贮粪池,猪舍前种植玉米、白菜等作物。农户自家猪粪肥可以作为有机粪肥直接还田施用。养殖园区的建立,既避免了养殖给居民生活和农村环境带来的直接危害,环境污染得到了集中化的治理,节约了治理费用和管理成本,同时也使得有机肥的施用更为便利,配套设施的集中供给也提供了园区自身经营的经济性。

②资源化的废物利用。

北郎中村从引入和实施污染治理以及环境保护技术出发,逐步提升治污理念,走上了实行农牧结合、开展资源利用和发展循环经济的道路。北郎中村在 2002—2006 年共投资 700 多万元分三期建立了猪场污水处理沼气工程及输配气系统,目前沼气工程每天可处理 4m³ 固体粪便和 200m³ 污水,完全可满足处理养殖场的粪便和污水处理需要,并且每天可生产 700m³ 的沼气供村民作为生活燃料使用。在养殖区内建有沼气池用于贮存粪便,在作物生长需要期直接施用于猪舍前的耕地,真正实现"种养结合"。2007 年又投资 120 万元建立有机肥场,利用沼渣及多余粪便进行堆肥化加工处理,制成符合国家标准的有机肥料并进行市场化销售。

2)技术措施。

为有效解决养猪废弃物问题,在有关科研机构和政府部门的帮助与支持下,北郎中村引进了多种生物处理技术和工程技术来处理猪场粪便。其中养殖场废弃物处理和利用的工艺流程见图 3-2。

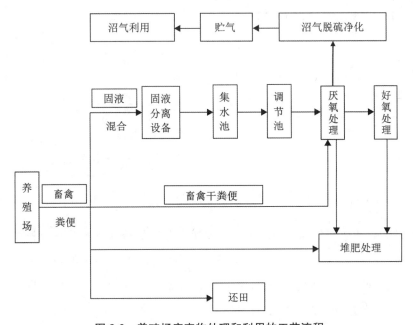

图 3-2 养殖场废弃物处理和利用的工艺流程

猪场利用农业部工程研究院的科技攻关项目"规模养猪场粪水治理技术"来治理粪便污水。在粪便的收集上,养猪场采用"干清粪"工艺。粪便一经产生,便得到分流,可保持猪舍内清洁,减少氨气的挥发,减少猪舍及周围的恶臭气味。

同时,产生的污水相对较少,浓度低,易于净化处理。干粪直接分离,养分损失小,肥料价值高,可以直接用于还田,也可以经过堆肥处理制作成高效的生物活性有机肥,进行市场化销售。而目前一些养殖场广泛采用的水冲式和水泡粪清粪工艺,其产生的污水处理工程的投资和运行费用比采用干清粪工艺高一倍,而且排出的污水和粪尿混在一起,给后续处理带来很大的困难,固液分离后的干物质肥料价值也大大降低。

(4)取得的效果

北郎中村已逐步建立起以生态养殖为基础,以环能工程(沼气场)为纽带,生物资源和农业资源循环利用,实现养殖业与种植业、苗木种养以及居民生活耦合的生态良性循环生产体系,见图3-3。

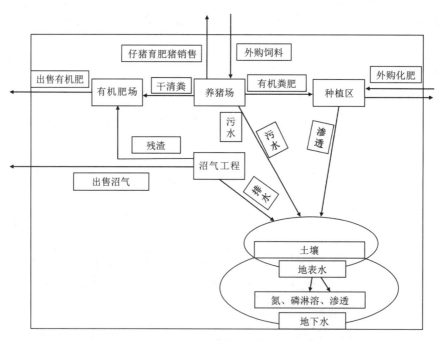

图3-3 北郎中村养殖业废弃物处理和利用物质循环图

北郎中村采取的综合化的废弃物处理与资源化利用的管理措施和技术措施极大地减轻了规模化养殖给居民生活和农村环境带来的直接危害,使当地环境得到了很大的改善。直接还田、沼气化处理和有机肥堆肥等措施手段的综合运用,减少了粪便的集中化大量堆积,既保证了猪舍内外的整洁,也避免了对土壤的侵蚀和对水体的污染。粪便及时地收集和处理也减少了氨气等有害成分的挥发,空气质量得到了改善,基本不会对人畜健康产生危害。

同时,该村的粪便集中化处理并加以资源化利用的措施也产生了一定的经济效益。近年来,沼气工程每年生产沼气约 26 万 m³,为村民在薪柴和电能花费上节约了大量的开支。其中使用沼气做饭烧水,全村每年可以节煤 780t,减少二氧化碳排放超过 2000t,减少二氧化硫排放约 6.63t,减少氮氧化物排放约 5.8t。生态养殖园区集中化的经营与运作,使养殖粪污得到了集中化的治理,节约了治理费用。农户开展糯玉米等绿色食品的种植,有机肥的使用取代了化肥的使用,既节约了成本,也提高了产品的市场价值。农户对有机肥的施用节省了化肥上的花费,施肥较原来更为便利,减少了运输成本。同时,有机肥厂每年生产成品有机肥 112.5t,也增加了一定的经济收入。

(5)存在的问题与成因

北郎中村集中化的猪粪便处理和资源化利用方式取得了较好的成效,取得了良好的环境效益和经济效益,但是受多种因素的影响,仍然还存在着一定的问题。

1)存在的问题。

北郎中村规模化养殖所带来的环境污染仍然部分存在,对环境的威胁仍然没有很好地消除,废弃物资源化利用设施也没有得到最大化的经济利用,经济效益也不够显著。

①废弃物带来的环境污染仍然存在。

当地对有机肥的施用已经超出了合理的范围,给土壤和地下水造成潜在的威胁。同时,对周边沟渠水体污染程度的测量也发现,水体的化学需氧量浓度达到 1500～1800mg/L,远远大于国家排放标准。

②废弃物处理的经济效益不明显。

目前,北郎中村对养殖废弃物的利用除大量还田外,主要是用来生产沼气。由于沼气产量有限,售价也不可能太高,每年依靠沼气出售收入不足 26 万元,除去成本,基本处于亏损状态,每年都需要村集体投入运营资金加以弥补。同时,有机肥生产近乎停滞,2008 年仅生产并销售有机肥 250t,销售收入不足 8 万元。只有养殖园区内的耕地利用了有机粪肥,区外不少农民认为猪粪肥效不如化肥而不愿使用猪粪肥,其他田块仍然使用尿素、复合肥等化肥,增加了不少化肥的花费。

2)主要原因分析。

造成目前环境效益和经济效益不够显著的原因主要有以下几个方面。

①部分田块粪肥还田施用过量。

目前,对于畜禽粪便处理的主要出路是作为粪肥还田,许多畜牧业发达的国家将农田作为畜禽粪便的负载场所,并规定规模化养殖场的建设必须有一定的消纳土地或处理设施才能得到批准。该村规模化养殖条件下的粪便产生量远远大于耕地承载能力。而北郎中村却有近乎一半的养殖固体粪肥予以还田处理。当地不少农民认为,粪肥肥效不够,粪肥使用越多,其带来的作物产量越高,经济效益越好,同时就地还田处理也是一种比较方便的处理方

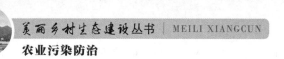

式,盲目过量施肥的现象非常严重。由于农民仅仅知道畜禽粪便含有作物生长需要的养分物质,然而对其适宜施用量却缺乏科学的认识,往往将自家动物粪肥在未经任何处理的情况下全部施用于自家耕地。但有机肥如果过量施用或堆放处理方式不当,会造成氮素、磷素和重金属的过量累计而给土壤和地下水造成危害。有机肥含有的氮、磷比值一般小于作物对氮、磷的需求比例,所以极易造成磷在土壤中的累积,容易造成作物的倒伏和疯长等。

在养殖园区,大量施用养殖粪肥的同时,养殖园区周边的种植户和从事果树苗木生产的农场,由于粪肥不便运输和经济上的考虑,大多采用化肥作为主要肥料,很少使用养殖场的养殖粪肥。北郎中村沼气工程与果园正好毗邻,然而由于其分属于不同的经济主体,其间没有相应的管道连接,各自管理人员在粪肥利用价值认识上也存在较大的差异,导致粪肥在果园和苗木种植园均没有得到相应的应用。同时过分的粪肥还田和过于注重沼气的生产,使得有机肥生产原料减少,有机肥生产几乎处于停滞状态。同时,当地管理人员认为污水处理需要耗费大量的电能,而对污水只进行部分的厌氧消化处理。仍有大部分污水直接排放到周边沟渠,不但浪费了污水的资源化可能得到的收益,而且给周边水土带来了很大的污染。

②技术选择和利用不合理。

北郎中村的各项废弃物处理和资源化设施是逐步发展起来的,在处理和利用设施上缺乏整体的规划,在各个处理环节之间缺乏有效的整合,设备没有得到充分的利用,在技术选择上也缺乏系统化性的考虑。目前,该村沼气工程的设计能力完全满足同时处理养猪场粪便污水的需要,同时其运行还需要补充一定的水量以提高其发酵效率。养殖场为了降低好氧处理的成本,仍将一些污水直接排放到附近的沟渠,给周边水域的地表水带来一定程度的水体污染。同时,为了降低处理成本,北郎中村虽然"象征性地"投资建设了好氧处理设备,但由于 SBR 运行成本过大而很少投入使用,厌氧处理后的排水直接流到好氧池中进行沉淀而没有进行曝气再处理,虽然节省了处理成本,但是排出的废水达不到国家标准,给周边水土环境仍然带来了威胁。在有机肥的生产上,由于长期着重沼气的生产和技术的改进而对有机肥的生产和利用一直比较忽视,加上自身经营管理和加工技术水平低下,缺乏必备的技术能力,产品销路又不畅,有机肥的生产长期达不到必要的品质要求和生产能力,设备闲置严重,经济效益十分低下。

3.3.1.2　基于生态经济模型的北郎中村规模化养殖废弃物处理的优化研究

(1)北郎中村农业生态经济模型的构建

基于农业生态经济学理论、物质平衡理论、生产经济学理论和外部性理论,按照一般农业生态经济模型的框架,同时结合北郎中村生猪养殖和废弃物处理的实际情况,构建"北郎中村生猪养殖及废弃物处理的生态经济模型"即 BLZEEM 模型。该模型是一个基于生产者理性选择的经济学模型、基于工艺流程的生物物理模型和基于土壤养分循环的生态模型"连接"起来的一个整合的农业生态经济模型。

（2）优化结果

1）扩大养殖规模,并以育肥猪的形式出栏,可以显著提高养殖的净收益。对于北郎中村来说可以适当增加母猪投入,并全部通过转栏育肥以成年猪的形式出栏是经济上更好的选择。

2）粪肥还田过量,不但经济效益低下,而且会给环境带来危害。应该通过扩大还田面积,同时减少单位面积还田量的方式,增加粪肥的还田收益,同时提高环境效益,减小环境污染的威胁。养殖场的建立尽量要保证有一定的配套耕地,将动物粪肥作为肥料进行资源化的还田利用。

3）要将还田剩余的粪肥进行堆肥来生产有机肥,这样既可以提高养殖废弃物的处理能力,使得畜禽粪便在更广阔的空间范围内得以还田利用,同时又可以大大提高废弃物处理与利用的收益,获得更大的经济效益。

4）当前排污费规定金额过低,甚至低于废弃物处理的花费,难以起到环境保护的作用。需要制定更为科学合理的排污费征收制度。

5）养殖场废弃物利用和处理投资大且收益低（甚至为负）,导致目前我国很多养殖场废弃物处理规模小、效率低,以至于造成严重环境污染。

3.3.1.3　技术变化下北郎中村规模化养殖废弃物处理的优化研究

运用"北郎中村生猪养殖及废弃物处理的农业生态经济模型"（BLZEEM 模型）分析了在当前生产条件和废弃物处理技术不变的情况下,北郎中村养殖场怎样通过养殖规模优化和废弃物处理与利用方式选择的优化,实现在达到一定环境效益的同时达到最大化的经济利益。它在静态环境下的分析,养殖场的生产条件和技术条件在短期内都是固定不变的。这里对 BLZEEM 模型进行扩展,使其能够模拟在技术可变（可以重新选择）的背景下,养殖场又将如何优化其养殖规模和废弃物处理利用方式,以达到更大的环境效益和经济效益。通过将该农业生态经济模型在技术选择上的扩展,使得该模型可以模拟更加复杂的情景,将更具有普遍意义,适用性更强。

（1）技术变化下的模型扩展

基于一定的农业环境限制,追求利润最大化的农场将会在各个工艺环节都可能去寻求可选择的替代性技术以提高农业生产的经济效益和环境效益。在技术可变（技术组合可变,工艺技术选择可变）的情况下,构建新的农业生态经济模型。技术的选择不但涉及技术路径（工艺流程）的选择组合,还包含在同一个工艺流程下选择不同的（替代性的）技术处理方法（如不同的处理工艺、不同的设备和不同的材料等）。这些技术的选择既影响到输入的选择（比如成本）,也影响到输出的最优水平、输入的最优数量和种类以及对环境的影响。新的扩展的模型,称之为"扩展的北郎中村生猪养殖及废弃物处理的农业生态经济模型"。

（2）结果与分析

1）技术选择。

在技术选择上，有多个环节采取了替代性的技术。

①在厌氧处理的技术方法上，优化结果选用了 UASB 拼装技术替代目前的 USR 钢筋混凝土技术来建造厌氧反应器。采用 UASB 拼装结构则造价相对较低，施工周期短，但其技术含量高，安装技术要求高，需要特殊的机械工具和专业的制罐技术，使用年限也比钢筋混凝土结构略短。从整体效益比较来看，该技术的应用是一项更为经济的选择。该技术也正逐步应用于污水处理中，随着国产化进程的提高、技术引进的深入，UASB 拼装预制技术必将得到广泛的推广与应用。

②在沼气利用上，引入了沼气发电方式。由于居民对于沼气的需求有一定的总量限制，生产出的多余沼气可以通过沼气发电的方式，转化为清洁高效的能源电能加以资源化利用，实现更大的收益。将沼气所发的电能供应上网，在更大的用户范围内达到电能的调度和供需平衡，已经成为这项技术得以应用的必然要求。发展分布式供电系统在用户附近实施小规模供电，实现电热联产，将电能转换为其他形式能源（如热能），实现能源的综合化利用，可能将会成为中小型沼气发电将来的发展方向。同时，学习国外先进技术和管理经验，对小规模沼气发电予以技术支持和资金补助，积极推动沼气发电技术在中小型沼气工程中的应用，进而推动畜禽废弃物的资源化利用。

③在好氧处理技术的选择上，优先选用以"沉淀＋曝气＋生物氧化塘"法替代目前的序批式活性污泥法（SBR）。SBR 处理的技术初始投资较大，处理运行费用较高，处理系统运行有时不太稳定。"沉淀＋曝气＋生物氧化塘"法采用先沉淀处理，相对于 SBR 技术，由于采用氧化塘处理需要占用较大的土地面积，占地面积较大，技术效率偏低，但其初始投资少，处理运行费用也较低。一般来说，养殖场所处位置位于郊区或农村，土地价格相对比较低廉，因而从整体上来说，"沉淀＋曝气＋生物氧化塘"法是比较经济的一种好氧处理方法。

2）废弃物的处理和利用。

新技术的引进和选择使废弃物处理能力和效率得到提高，每年可以增加近 1088t 固体粪便和 8736m³ 的污水的处理能力。由于废弃物处理能力的提高，养殖规模也可以适量地扩大，每年能够增加 4000 余头的生猪出栏量。在沼气的利用方式这一工艺环节上，增加了沼气发电的利用方式，即可以将原先多余的沼气用于发电，通过沼气发电可以增加收入 20 万元。

3）收益。

与技术优化前的优化结果相比，养殖纯收益和废弃物处理的收益都得到了提高，分别增加了 72 万元和 30 万元，总收益提高了近 102 万元。通过技术的优化选择，提高了废弃物处理的技术效率，进而提高了总收益。也就是说，在现有技术上进行技术的优化选择，可以提高资源的利用效率，增加废弃物处理能力，降低处理利用成本，从而提高总收益。

由于多余沼气用于发电,增加了一部分发电的收益。同时在废水处理和沼气发酵上通过技术设备的改进,使处理成本降低,废弃物处理和利用的总收益由负值变为正值,即出现盈利。这将会给养殖场进行废弃物处理和利用带来一定的经济激励。

3.3.2　水产养殖业污染防治案例

3.3.2.1　苕溪流域水产养殖现状研究

苕溪是我国东南沿海和太湖流域唯一一条没有独立出海口的南北向天然河流,位于浙江省北部,南连杭州湾,北入太湖,东倚杭嘉湖平原水网区,流域行政区域面积 6338.7km²。苕溪流域水产养殖业发达,素有“鱼米之乡”之称。流域养殖品种包括“四大家鱼”(青鱼、草鱼、鲢鱼、鳙鱼)和各种虾、蟹、甲鱼以及黑鱼等。养殖方式以池塘养殖为主。近年来,流域水产养殖业已趋向高密度、高产出养殖模式发展,该模式下尾水处理排放已成为水产养殖业污染防治的焦点。据测算,2014 年流域水产养殖总氮、总磷、氨氮和化学需氧量排放量分别约为 1086t、193t、304t 和 3702t。基于水产养殖业污染成因,加强水产养殖业污染防治管理体制机制和法规政策研究,查找现行体制机制不足和法规政策欠缺的地方,对完善流域水产养殖业管理具有重要意义。

3.3.2.2　苕溪流域水产养殖的法规标准政策现状

苕溪流域主要为淡水养殖,养殖尾水排放应执行《淡水池塘养殖水排放要求》(SC/T 9101—2007)。该标准是农业部发布的推荐性标准,不具备强制性。该标准根据收纳养殖尾水排放去向,分为一级和二级排放要求。指标项目包括 pH 值、化学需氧量、总氮、总磷等 10 项,并规定监测样品采集地应设置排水口。该标准由渔业行政主管部门负责监督与实施,渔业环境监测机构负责监测工作。根据标准中相关分类规定,苕溪流域养殖尾水一般应执行《淡水池塘养殖水排放要求》(SC/T 9101—2007)二级标准。但目前苕溪流域养殖主管部门在日常监管中基本未使用该标准。除排放标准外,还涉及养殖技术、投入品使用等方面的规范。国家层面颁布的规范包括《诺氟沙星、恩诺沙星水产养殖使用规范》(SC/T 1083—2007)、《磺胺类药物水产养殖使用规范》(SC/T 1084—2006)、《四环素药物水产养殖使用规范》(SC/T 1084—2006)等,浙江省发布的规范包括《水产养殖池塘建设技术规范》(DB33/T 908—2013)、《池塘底充式增氧技术规范》(DB 33/T 849—2011)、《水产养殖微生物制剂使用技术规范》(DB 33/T 722—2008)、《水产养殖消毒剂使用技术规范》(DB33/T 721—2008)等。以上规范能在一定程度上促进水产养殖业从源头预防养殖尾水污染。

近年来,各级农业部门在推广水产养殖池塘标准化和生态化改造、实施生态化养殖模式等方面开展了一些工作,在一定程度上提升了行业水污染防治水平。从“十一五”起,农业部就启动了水产养殖池塘标准化改造行动。行动按照“生态、健康、循环、集约”的要求,对水产养殖塘实施规模化、标准化、生态化建设和改造,形成自然环境和谐、渔业结构合理、区域特色鲜明、运营机制新颖的现代渔业格局。标准塘建设工作为推行集约化养殖、科学投饵用药奠定了良好基础,有助于水产养殖业的源头减排。自 2014 年起,浙江省启动了水产养殖池塘生态化改造行动,该改造行动从技术和设施工艺上对池塘生态化改造作出了详尽规定,同时对生态化改造后尾水排放中的氨氮、总磷和化学需氧气量分别提出了 2.0mg/L、0.4mg/L 和 40.0mg/L 的排放控制要求。苕溪流域目前主要推广的生态化养殖模式包括稻鳖共生、茭鳖共生、虾稻轮作、稻鱼共生、藕鱼共生等模式。

3.3.2.3 苕溪流域水产养殖的体制机制现状

国家层面,农业部内设渔业渔政管理局,在水产养殖污染防治管理方面,主要承担如下职责:监督管理水产养殖用药及其他投入品的使用,参与水产品质检体系建设和管理。负责职责范围内的渔业水域生态环境保护工作,组织重要涉渔工程环境影响评价和生态补偿;指导渔业节能减排工作。浙江省层面,内陆市县的水产养殖污染防治管理主要由省农业厅负责,其具体承担农药、饲料、饲料添加剂等投入品的许可及监督管理;指导农业面源污染治理,指导农业农村节能减排有关工作;负责农产品生产环节的质量安全。沿海市县的水产污染防治管理主要由省海洋与渔业局负责,其具体承担海洋环境、渔业水域生态环境和水生生物资源的保护工作;组织、管理海洋与渔业环境的调查、监测、监视和评价,会同有关部门拟订污染物排海标准和总量控制制度;指导渔业产业结构调整、产品品质改善和渔业产业化发展;组织拟订水产养殖业发展规划及实施水产养殖病害防治;拟订浙江省地方海洋环境质量标准。苕溪流域市级层面和县级层面,由农业局负责水产养殖污染防治管理监督。涉及水产养殖污染防治的职能主要由农业局渔政站承担,具体工作包括相关生态养殖模式的技术推广工作,实现源头减排;开展水产品质量安全监督检查,倒逼养殖户科学使用养殖药品;对养殖投入品使用情况监管。水产养殖业污染防治管理体制机制现状见图 3-4。

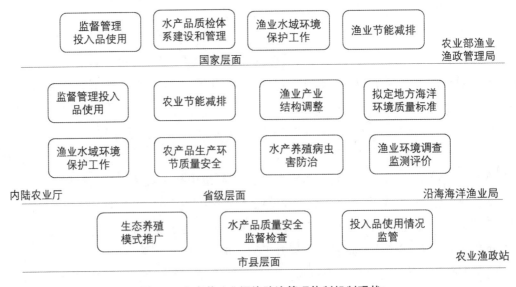

图 3-4　水产养殖业污染防治管理体制机制现状

3.3.2.4　苕溪流域水产养殖存在的问题及分析

水产养殖行业主管部门环保职责侧重于预防尾水污染轻末端治理。水产养殖部门对投入品的管理、水产品质量检测、生态养殖模式推广等手段都属于预防养殖尾水污染的源头措施,其在防治养殖尾水污染外环境方面起到很大作用。但在甲鱼、黑鱼、黄鳝鱼等一些水产品高密度养殖过程中,仅从源头预防,难以达到防止尾水污染外环境的目标。近年来,苕溪流域因高密度养殖尾水排放污染外环境所引起的投诉事件时有发生。

(1)现行法规体系不够完善,执法依据不足

现有渔业法规以渔业整体为出发点,把养殖业、捕捞业及渔业资源的增殖和保护作为重点,进行了一般性的规定。目前,缺乏专门的渔药和渔用饲料管理法规,只得参照《兽药管理条例》《饲料和饲料添加剂管理条例》及有关行业标准进行执法。部分法律条款法律强制力不够,如《中华人民共和国渔业法》对无证养殖的处罚,只规定"责令改正,补办养殖证或者限期拆除养殖设施",其法律责任追究力度对违法养殖者起不到足够的威慑作用。对已领养殖证但不按规定区域和种类养殖的,无明确的处罚条款。《水产养殖质量安全管理规定》对养殖生产各个环节的管理都有规定,但缺乏落实的措施和手段。

(2)缺乏养殖尾水排放控制要求

2006 年浙江省质量技术监督局发布的《淡水产养殖废水排放要求》(DB 33/453—2006)目前已废止。国家层面,目前正执行的《水池塘养殖水排放要求》(SCT 9101—2007)和《海水养殖水排放要求》(SCT 9103—2007)属于推荐性标准。按照《中华人民共和国环境保护法》和《中华人民共和国水污染防治法》的规定,排放标准应为强制性标准,且污染物排放标准的制定主体应为环保部门。

尾水污染防治的执法监管模式有待进一步完善。在水产养殖污染防治过程中,涉及的主要监管力量包括渔政、水产品养殖技术推广和质量检验检测等农业部门内设或下属机构,这些机构在预防养殖尾水污染方面都起到一定作用。但现行职责分工中,缺少相关机构承担养殖尾水的排放监测工作。即使养殖尾水产生污染事故,也无相关机构能提供监测数据证明。按照《中华人民共和国环境保护法》规定:政府环境保护主管部门,对环境保护工作实施统一监督管理,政府有关部门依照有关法律规定对资源保护和污染防治等环境保护工作实施监督管理。农业部门应承担起相应的尾水排放监督监测职责。

3.3.2.5　苕溪流域水产养殖污染防治的政策建议

构建水产养殖业环境管理新模式,基于苕溪流域水产养殖污染防治中存在的问题,水产养殖污染管理最佳的管理模式是水产养殖行业主管部门既负责水产养殖的生产环节,又负责监督水产养殖场的污染治理环节,由环保部门对污染治理的结果进行监管。同时,完善污染防治所需的法规、标准、政策。长期以来水产养殖属于农业部门和各地区水产系统管辖,环保部门较少介入。在最佳管理模式下,应加强农业、渔业、环保等部门合作。推进规模化

和集约化水产养殖环境影响评价,通过发放排污许可证等方式将水产养殖纳入日常环境管理,对农村小型水产养殖场和养殖户可采取备案制。高密度养殖户尾水排放时需主动申报,通知行业主管部门采样监测。

建立完善的水产养殖法规、标准和规划体系省级层面应当完善水产养殖法律法规,争取出台类似《浙江省水产养殖管理办法》或者《浙江省水产养殖管理条例》,并在相关法规中将量大、面广的农村小型水产养殖场和养殖户纳入管理要求。此外,随着水产养殖向规模化、集约化方向发展,建议制定强制性的水产养殖废水排放标准,要求设施化养殖场对废水排放进行控制,对超标排放者进行处罚。同时将水产养殖废水排放许可纳入养殖证制度。科学的养殖规划是污染控制技术政策实施的前提,合理的养殖布局可以降低养殖的环境风险,提高污染的处理效率,将大量分散小型水产养殖场集中,整合资源和能力,形成合力,集中治污。建议尽快出台养殖规划制定的技术规范,并在相关法律中明确规划实施主体,由规划的实施主体根据环境容量和水质要求,组织编制县域现代生态渔业规划,科学划定禁养区、限养区,明确水产养殖空间,促进水产养殖业有序发展。

制定经济政策,推动科学养殖发展,建议充分利用信贷、利率和税收等财政政策,对生态养殖方式技术的实施给予支持,提高生态养殖技术政策实施的经济可行性。对采用配合饲料和复合饲料替代冰鲜鱼等方式减少污染产生的养殖户,建议采取如补贴使用有机肥的方式补贴使用替代饲料;对建设尾水处理设施的养殖场进行补贴政策倾斜。

进一步推动养殖池塘标准化和生态化改造,多渠道筹措资金,以高效清洁养殖和节能减排为目标,引导企业和养殖户对现有淤积严重、老化坍塌的中低产池塘进行标准化改造,配套完善水、电、路和养殖废水达标排放等公共服务设施,改善养殖环境和生产条件,提高水产养殖综合生产能力、加强和优化池塘标准化改造的区域布局,提升水产养殖集约化、规模化、标准化和产业化发展水平。开展水产养殖场生态化改造,鼓励各地因地制宜地发展池塘循环水、工业化循环水、稻鳖养殖、稻鱼共生轮作等循环养殖模式和水产养殖方面的生态消纳、种养结合。

大力提升水产养殖科技水平对于从源头减轻养殖尾水污染具有事半功倍的效果。要规范水产养殖投饵管理,引导养殖户在选取放养料和投饵料时,要根据池塘的消化能力来适当选取,减少过量投饵。持续保持对甲鱼温室、开放型水域投饵性网箱、高密度牛蛙和黑鱼等养殖的整治。对水产养殖中使用违禁投入品、非法添加等保持高压严打态势。鼓励不要频繁地进行水体交换,最大程度地重复利用,还要适当地对池塘的水体进行混合,以保持水质的稳定。

第4章 农业立体污染防治

4.1 农业立体污染防治概述

农业立体污染是当前环境学科新生的新型学科,是在继西方发达国家提出的点源污染、非点源污染概念的基础上,我国科学工作者从根治农业污染角度出发,率先提出的全新概念。该概念的提出是我国农业污染防治研究已从一维(点)、二维(面)治污研究向农业系统立体"动态"治污研究发展的重要标志,表明农业污染防治研究已进入以农业生态、物质循环和圈层为系统理论的农业污染防治研究新阶段。

当前,我国已经成为世界上化肥、农药、配合饲料、地膜等用量最多和作物秸秆、畜禽粪便等有机废物产出量最大的国家之一,农业源污染正在成为继工业"三废"之后新的污染源,而且随着集约度的不断提高和国民经济的高速发展,农业自身污染的潜力和风险在成倍增大,局部地区已出现了经济高速增长、绿色GDP负增长的不正常现象。

由于目前农业污染的高度综合性、复杂性、潜伏性,传统单一的污染防治思路与技术已无法解决复杂的"立体化"农业污染问题,农业污染防治面临着从认识、政策、法规、管理到技术等一系列难题,迫切需要完善农业污染综合防治新理论、新生产模式和相应的配套新技术。

我国科学工作者在科学发展观的指导下,首次提出农业立体污染综合防治新概念,探讨了人类生存空间三维污染的真实性、污染发展与形成过程的多源性和多维性,开展农业环境治理技术成果集成研究,提出了农业立体污染循环链全程治理的新思路,寻求了"水—土—气—生"一体化的农业污染综合防治的技术体系,这是我国农业污染防治科学研究与实践理论的一大创新与技术突破。农业立体污染防治作为一项全局性、公益性工作,应长期予以支持,以加速实施农业立体污染综合防治战略,实现社会经济与生态环境的协调发展。农业立体污染防治又是一项全球性、前瞻性的工作,需要国际社会共同努力,我国政府鼓励就此项工作开展广泛的国际合作,共同探讨农业立体污染综合防治的机理,采取更为综合有效的措施。

无论是农业点源污染防治研究,还是非点源污染防治研究,都是由传统源头污染防治、末端污染治理思路为主要出发点,而农业立体污染防治研究突出强调了农业清洁生产过程的自净能力,突出强调了不同物质在不同界面、不同阶段的危害作用是不同的,突出强调了不同形态物质在不同阶段、不同界面转化能力、危害能力也是不同的。这意味着在不同界面采取不同措施控制物质数量与形态(污染链控制)滞留时间,不仅不会造成污染,甚至有利于提高物质的利用效率,提高物质循环利用的经济效益。因此,树立农业污染防治清本治源的观念,抓污染根源治理,是建立节约型社会、生态家园,发展循环经济的重要对策。

随着我国农业、农村经济的迅速发展和集约化程度的提高,农业污染的立体化特征更加明显,问题日益严重。但农业立体污染不仅有农业生产自身产生的污染问题,同时更多地来自工业与生活污染物造成的农业污染,为了解决我国立体化农业污染新问题,不仅需要传统的农业污染防治技术,而且还需要新思路、新方法。

随着我国社会、经济和工农业生产的快速发展,农业生产承受着大范围工业对农业的污染、农业自身污染和生态环境恶化的多重影响,呈现出污染物种类增多、污染面积扩大、污染强度增大的趋势,并逐步显现出复合交叉、时空延伸和循环污染的立体化特征。针对农业污染表现出复合交叉与时空延伸的新特征,传统的"点源""非点源"污染防治思路与技术已经满足不了现实"立体化"农业污染防治的客观需求。

中国农业科学院组织有关专家积极开展了农业立体污染原理及防治措施的研究,为农业污染防治研究开辟了更广阔的研究领域。其一是农业环境问题正在受到前所未有的挑战,已经成为国际社会广为关注的重大热点;其二是农业污染已成为影响我国食物安全和农产品国际竞争力的重要因素,我国农业污染科学研究与防治实践期待理论创新与技术突破。农业立体污染综合防治新理念、新方法的提出令人为之一振,值得探究。

人地关系紧张和数量型增长导致了我国农业环境长期处于高负荷状态。耕地质量下降、水质恶化、农药残留超标、畜禽粪便非清洁排放、作物秸秆遗弃与焚烧、农业温室气体排放、农产品安全水平下降等,形成了国民经济高速增长、绿色 GDP 快速负增长的不正常现象。在WTO 框架和全球经济一体化的大背景下,这些因素已经成为保障我国农业环境安全与食物安全、提高农产品国际竞争力、推进农村经济可持续发展与实现和谐社会等的重大瓶颈。

目前,我国已有 2/3 以上的水域和 1/6 以上的土地受到不同程度的污染,土壤退化面积不断增加,水、肥料和农药的平均利用率仅 30%~40%,比发达国家低 30% 以上,城郊集约化农区地下水硝酸盐超标 20%(按国内标准估算),因不合理施肥,每年流失纯氮超过 1500万 t,直接经济损失约 300 亿元,农药浪费造成的损失达到 150 多亿元。近年,我国农业污染集中表现为如下特点:第一,农业污染物种类增多,污染面积呈现扩大趋势。除了农药、化肥、重金属污染,大量的废弃秸秆、塑料薄膜、城乡废弃物等对农业的污染程度加大,集约化畜禽水产养殖场污染已经成为我国农业的污染大户,集约化种植业过程中不合理的农业耕种措施导致温室气体排放问题也日渐显露。第二,大范围而言,污染源逐步由以工业为主与工农并重,向以农业为主转变,各种污染物进一步向农村转移,农业产地生态系统已经成为最直接的受害者。第三,污染物通过在生态系统中的积累、传递、转化、再生,使污染过程具有复合交叉与时空延伸特征,对人、畜和大区域生态系统构成危害。第四,大气、水域等污染的无限制扩张,日渐成为国际社会关注的重大环境问题。

综合防治农业污染是一个世界性的课题,是人类抵御人为灾害最主要的方法。在世界范围内,农业遭受污染对经济发展和社会进步造成的损失是无法估量的。面对世界人口剧增和农产品供需矛盾、食品数量与质量矛盾等日益尖锐的严峻形势,全球性农业资源安全、环境安全、食物安全问题从未像今天这样引人注目,关注的焦点是如何解决由于全球性"人增地减"矛盾不断加剧,区域性农业资源超负荷开发利用、资源严重短缺,引发的环境质量日趋恶化、农产品产地环境质量下降和"健康、清洁"食物生产能力不足等涉及国计民生的重大问题。

随着我国国民经济的快速发展,农业生产的生态环境正面临着前所未有的严峻压力,尤其是工业、生活废弃污染物大量向农区排放,已远远超过农业本身的自净能力,对农业生态系统中土壤、生物、水体、大气(含温室气体)造成严重的破坏,已成为制约农业和农村经济发展的重要因素。同时,随着农业生产环境污染的加重和农业生产模式的转型,农业自身污染问题日益突出,相对工业污染和生活污染而言,农业污染主要是由不合理地使用化肥、农药、畜禽粪便、农业废弃物和农村生活垃圾等形成的,构成对水体、土壤、生物、大气进一步的污染,进而威胁到人类健康的一种污染。随着环境污染研究的不断深入,人们对农业污染的认识已经从最初的点源污染和非点源污染,深入到更全面、更系统的农业污染规律,并提出了立体污染新课题。

4.1.1　农业立体污染防治的理论基础

随着全球经济一体化的发展,人类活动对全球生态环境的影响越来越大,整个世界受资源—环境—人口—粮食等重大问题的困扰日益突出。水体、土壤作为人类赖以生存的重要自然资源,由于持续的集约利用,正在发生变化,这种变化不仅对水、土地承载力产生重要作用,而且对水体、土壤、食品质量以及全球气候产生直接或间接的影响。因此,当今农业污染研究已由原来的点源污染(即从局部水体、土壤本身点污染源)研究向水圈、土壤圈、生物圈、大气圈各层面的土壤、水体、生物、大气一体化发展,形成"水、陆、空"三维一体的,且各圈层间互为关联的"农业立体污染"研究。

圈层理论概念自 1938 年 S.Matson 提出后,1990 年 Arnold 对土壤圈的定义、结构、功能及其在地球系统中的地位做了进一步的全面阐述,为水资源学、土壤科学、生物科学、农业气象学等学科参与解决全球资源环境问题奠定了基础。圈层理论不仅说明土壤圈是地球大气圈、水圈、生物圈及岩石圈交界面上一个最重要的圈层,也是其他 4 个圈层的中心,既是地球各圈层间物质循环与能量交换的枢纽,又是地球各圈层间相互作用的产物,是最活跃、最富有生命力的圈层,而且还是过去和现在自然环境和人类活动综合作用信息的记忆"棒"。土壤是万物生长的基础,是资源环境的"消化通道和净化器"。水是物质转化条件和运移的动力;物质不合理的转化和迁移是农业立体污染的根源。因此,可以说圈层理论是农业立体污染研究的理论基础,土壤是农业立体污染研究的中心,水分运移是农业立体污染防治研究的重点,物质转化和迁移机理是农业立体污染研究的核心,水—土—生物—大气相互污染的农业源头控制和综合防治技术是农业立体污染研究的关键。

多年来,我国资源环境科学研究工作面向经济建设,在资源环境保护、开发,利用、提高农田土壤肥力、中低产田改良治理和农药、化肥合理施用等方面做了大量工作,为环境整治和资源高效利用作出了很大贡献。在基础研究方面,填补了不少分支学科的空白。事实上,我国农业立体污染防治的基础分支学科发展得比较齐全,其中一些研究工作已和国际上同类研究水平相当,某些研究如提高污染物资源化利用和再循环、土壤电化学性质、人为土分类、土壤肥力与信息、水肥关系研究等,目前在国际上还处于领先水平。但受许多因素的限制,我国农业立体污染防治研究总体水平还较弱,特别是分支学科基础性应用研究、调理技术、高新技术、区域模式研究与国外相比仍然有较大的差距。

4.1.2 农业立体污染综合防治研究进展

4.1.2.1 技术进展

经过对我国农村生态环境与农业立体污染内部循环的分析和研究,我们认为,农业立体污染的主要防治技术应包括生物技术、沼气发酵技术、"3S"技术、环境放射性核素示踪技术、农业装备技术等高新技术。另外,根据我国种植业、畜牧业以及农产品加工业的特征和立体污染形成通道分析,我们分别提出了各方面的实用技术。

(1)生物技术等高新技术污染防控体系

通过对农业生态系统与农业立体污染内部循环的分析和研究,阐明农业立体污染的防治应以生物技术等高新技术为主(图 4-1)。具体包括防治与降解新材料技术、废弃物资源化技术、立体污染阻控技术、无害化和污染减量化生产技术以及关键工艺与工程配套技术等。

(2)农田种植业立体污染防治

通过对棉田、稻田、果园等农田生态系统立体污染发生发展的特点分析,我们认为防治农田立体污染就要在环境监测、耕种措施、生产资料的使用以及灌溉和管理体系上加以控制,并分别提出了稻田生态系统、棉田生态系统、果树生态系统以及农田灌溉系统的立体污染防治措施。

例如,从稻田污染发生、发展的一般特点分析,防治稻田立体污染的基本对策应该是:建立稻田环境质量监控体系,开展稻区环境综合整治,实施生态种植与生态防治策略,采用环境友好型生产资料,实施精准化农业和稻田保护性耕作法。

再如,针对棉花是使用石油化学品最多的大田作物,特别是地膜和氮肥的使用严重破坏了自然界的生态平衡,提出在棉田立体污染防治过程中应做到按照地膜的规定厚度使用地膜;大力推广应用揭膜灌水和施肥措施;进行土地清洁卫生运动;积极开发替代地膜覆盖的新技术,用高新技术和农学技术结合多途径开发覆盖新技术、新产品,替代现有的非自行分解膜。在氮肥使用上提出经济最佳氮、磷、钾配比优化方案,做到平衡施用;提出两熟多熟种植制度,棉田周年多季平衡施肥;讲究施肥方法,研究开发氮肥缓释剂。

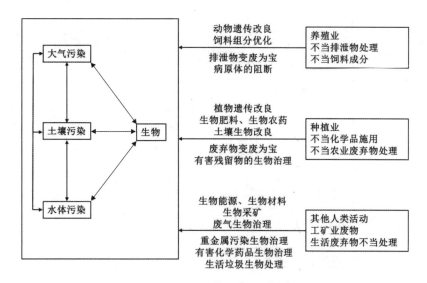

图 4-1　农业立体污染主要污染源及其可行的生物技术治理措施

（3）畜牧业立体污染防治

通过对畜牧业立体污染的现状分析，我们提出了畜禽养殖业生产、饲料工业以及兽药使用等方面的立体污染防治措施，指出防治畜牧生态系统中的立体污染，必须从畜禽场的规划管理，畜禽粪便的资源化利用，畜禽疾病的诊断、预防、控制以及兽药的研究、评估、监测、使用和管理体系等方面进行控制。

例如，沼气技术在农业立体污染防治中的应用，通过对农村立体污染形成通道的分析研究，得出畜禽粪便在污染水体、空气、土壤和农产品中占有重要份额（图 4-2）。通过对目前国内外治理畜禽养殖污染技术的对比，阐明沼气技术是防治农村立体污染的重要技术（图 4-3）。

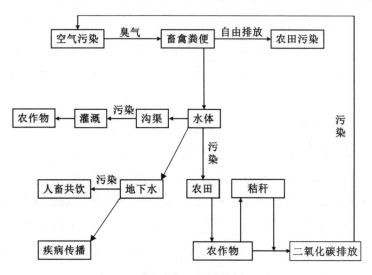

图 4-2　畜禽粪便立体污染形成原因

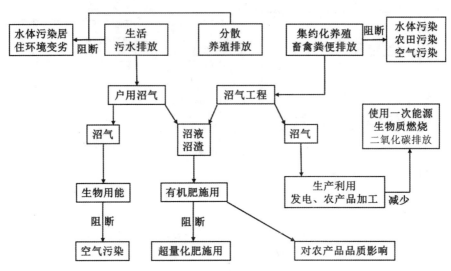

图 4-3 沼气技术在农业立体污染防治中的功能

4.1.2.2 保障体系研究进展

通过对农业立体污染和农村环境问题的深层分析,我们认为经济补偿制度是开展农业立体污染防治的重要保障之一,并对建立经济补偿制度的难点,即补偿标准的确定、补偿资金来源、被补偿者识别以及补偿方式等进行了分析。

在政策保障体系研究方面,为了加快我国农业立体污染防治研究进程,系统地提出了农业立体污染防治研究的集成创新机制和"开源—节流—挖潜"的综合投入机制。建议在国家科技发展规划中,将农业立体污染研究列为重点项目之一,设立农业立体污染治理的重大科技攻关计划;增加科技投入,增强学科发展和技术创新;增加国内外协作,提高研究水平;实施引导和扶持政策,加大国家支持力度;建立和完善"农业立体污染"防治法规体系,使防治工作有法可依;开展本底调研和监测信息网络建设;综合利用资源和能源,大力发展循环经济;加强宣传教育,提高全社会防治农业立体污染意识和参与农业立体污染科学防治的积极性。

4.1.2.3 区域规划研究进展

中国农业科学院专家组与有关省、自治区和直辖市合作,开展了农业立体污染综合防治区域规划研究,编制了农业立体污染治理和产地环境建设规划。针对农业立体污染现状,规划提出我国力争在 5 年内形成"一个中心、两个体系、三个能力",即构建国家农业立体污染防治中心;建立农业立体污染监测网络体系,农业立体污染防治示范体系;提高农业立体污染防治技术支撑能力,农业立体污染治理产业孵化能力和农业立体污染治理政策保障能力,使我国在农业立体污染防治与产地环境建设技术集成与示范领域整体保持世界先进水平。

规划认为,应从系统思路、整体与全局观念出发,整合点源与非点源污染的相关成果,强化软硬"两个方面"。

软的方面,即创建我国农业立体污染相关理论基础与科学体系,揭示农业立体污染的机理、发生规律和酿灾途径等重大科学规律,为认识、监测和防治技术的研究奠定基础。

硬的方面,即组建国家农业立体污染防治与研发中心,构建我国农业立体污染长期定位监测与试验示范基地网络体系。按区域、分步骤、突出重点,部门协同,尽快形成一批具有国际影响力的,拥有自主知识产权原创性农业废弃物资源化利用与立体污染防治高新技术成果,初步构建我国农业立体污染一体化防治技术与政策法规体系,形成定期发布我国农业立体污染报告的能力,为我国农业立体污染防治提供坚实的技术支撑与依据。

4.1.3　农业立体污染防治研究重点

从农业立体污染研究的基础科学需求,核心技术支撑和政策、法规、管理保障三大层面出发,遵循生态学、资源环境学、系统工程学、经济学与法学等学科的原理与方法,提出我国农业立体污染防治研究的重点。

4.1.3.1　当务之急——开展本底调研与监测信息网络建设

本底不清是目前我国农业立体污染防治中的首要问题。建议根据我国农业生态区域、农业类型、土地利用类型、耕作制度类型等,选择我国农业立体污染较为严重的代表性区域,组建国家级立体污染长期定位监测基地,并以此为骨架,构建全国产地环境立体污染长期定位监测网,建立我国农业立体污染系统信息资源共享数据库。同时,从我国的实际出发,参照国内外相关指标体系,归纳、整合并提出我国农业立体污染监测指标体系和规范化的操作技术规程,重点针对水体、土壤、大气及生物体中多种形态的农药、养分、温室气体、激素类、重金属和秸秆、粪便、农用塑膜、生活垃圾等固体废弃物开展长期定位监测,形成定期发布我国农业立体污染报告的能力。

4.1.3.2　前提与基础——破解相关重大基础与理论问题

农业立体污染既是一个新理念,又是一个崭新的领域,首先必须探明以下基础科学或理论问题,构建农业立体污染的理论基础与科学体系,才能有效指导科学研究与防治实践。

(1)探明立体污染物的危害特征与环境容量

着眼于农业生态环境因子演变、生产加工到形成最终产品的全过程,研究我国农业立体污染物的种类、来源、数量、分布、污染特征、对生态系统的危害与环境容量等。

(2)开展立体污染机理与循环链接的生态学研究

重点针对人畜粪便、秸秆、残留农药、有机地膜、生活垃圾、污水、重金属、激素类、温室气体、地下水 NO_x^-(硝酸盐和亚硝酸盐)等,研究其污染的生态学过程与机理,在生态系统中的转化、迁移与富集规律,污染物相互作用规律,污染物对生物和生态系统的酿灾规律,在生态系统中的循环链接与降解规律,污染物之间的交叉、镶嵌与复合污染等。

(3)开展农业立体污染的系统动力学研究

针对主要农业立体污染物的形成动因、演变特征、成灾条件与机理,研究气候等自然条件变化、农艺措施、生产方式、加工过程等对农业立体污染的影响,揭示其系统动力学特征,构建主要污染物酿灾过程的系统动力学模型。

(4)开展农业立体污染的生物学研究

针对农业生产的主导产品——生物体与污染物的相互作用关系,研究污染物在其生态循环链的不同部位(土壤、水、大气)中的形态变化,这些不同形态污染物对生物体的作用机理,各种生物体吸收、转化不同形态污染物的能力,提出调控污染物形态以保障生物体安全的途径。

(5)明晰防治战略思路,处理好与点源、非点源污染的关系

农业立体污染与点源和非点源污染有质的不同,它采用了一个新的视角,具有观念上的飞跃,它更能反映农业污染的本质,有助于人们从系统与整体的角度更好地认识和解决农业污染问题。同时,它与点源和非点源污染有直接关联,它们针对的都是农业污染问题。可以说,点源和非点源污染是立体污染的基本组成部分,只是认识问题的思路与角度不同而已。毫无疑问,以往点源和非点源污染研究的技术成果与经验仍是农业立体污染防治的重要参考和基础支撑。

4.1.3.3 核心依托——关键技术集成与攻关

依据立体污染防治理论,考虑污染物的产生及在土壤、水、生物、大气各个圈层中的循环,构建源头削减、过程调控与末端治理的综合防治技术。与传统治理方式不同的是,立体污染治理开创并重视过程调控这个环节,以将污染物停留在某个对生物体危害最小或者是对生物体有益无害的环节,或者是在其转化过程中,通过一定措施将污染物转化成某种特定的化合物形态,以使其对生物体产生的危害最小甚至无害。这就需要大量研制并集成新的技术。

(1)防治与降解新材料技术

重点研究有利于杜绝或降低农业立体污染的基础生产资料和有利于废弃物处理的新材料等,主要包括新型肥料、新型地膜、生物农药、生物菌剂、资源节约型生物新品种、环境修复型生物、土壤修复剂与调理剂、新型空气清洁剂、废弃物资源化造粒剂等,并配合以工艺技术研发,为其产业化提供基础。

(2)无害化和污染减量化生产技术

借鉴国外先进的质量管理体系,如"良好农业规范"(CAP)、"良好兽医规范"(GVP)、"良好生产规范"(GMP)和危害分析与关键控制点分析(HACCP)等,针对农业生产的基本环节,开展无害化或最小化污染排放与控制技术试验与整合研究,形成我国农业无害化生产或减量排放的新型农业生产技术体系。

（3）废弃物资源化技术

从资源高效利用与循环利用的角度出发,重点针对人畜粪便、秸秆等农副产品、生活垃圾、污水等废弃物,开展处理技术、多级利用和资源化技术攻关与技术整合研究,重点包括规模化畜禽场粪便高温连续发酵技术、粪便发酵过程除臭技术、作物秸秆发酵转化酒精技术、高效高分子造粒粘结剂及有机物料造粒技术、有机—无机复混肥料生产技术等关键技术。

（4）立体污染阻控技术

重点针对产地环境中的残留农药、重金属、有机地膜、激素类、温室气体、水土与养分流失等问题,开展阻控与降解技术研发,强化生活垃圾、农药、污水、重金属、地膜等的处理与降解技术研究。重点包括:肥药的精准化施用技术,废弃物的分类分级与安全管理技术,生活污泥的生物消化处理及稳定化技术,有机物料高温快速连续发酵技术,畜禽粪便除臭发酵无害化技术,土壤农药残留的降解技术,土壤重金属的生物与化学固化技术等。

（5）关键工艺与工程配食技术

对上述新材料技术、无害化或低排放生产技术、废弃物资源化技术、立体污染阻控技术等,开展科学的工艺试验、工程设计、设备研发与基地示范,实现废弃物资源化技术与工程的配套与衔接,为推进农业立体污染治理提供工程保障。

4.1.3.4　保障体系——政策法规、组织建设与公民意识培养

（1）制定政策法规是实现农业立体污染防治的机制保障

重点研究与农业立体污染防治相关的政策倾向,制定相应的法律、法规,研究适宜的管理体系与科学的技术标准,为保障我国农业立体污染防治与产地环境建设提供良好的政策法律依据和管理标准与模式,支持与促进环境安全型与资源节约型生产技术的发展。

（2）优化组织机构是实现农业立体污染防治的组织保障

主要研究相关部门之间的分工与协作,技术研发与实施部门之间的配套与衔接,动员各种社会团体和农村基层组织的力量,积极投入并参与到我国农业立体污染防治这项事业中来。

（3）公民意识培养是实现农业立体污染防治的基础工程

研究激励机制与途径,提高民众对农业立体污染严重性的认识,树立清洁生产的理念,自觉参与农业污染防治事业,发挥主力军的作用。

4.1.4　农业立体污染防治研究展望

4.1.4.1　农业立体污染防治研究的总体思路

农业立体污染不仅是一个全新的理念,而且也是一个崭新的科学研究领域。从我国农业立体污染的实际出发,在系统性、整体性与全局性等科学理论与观念的指导下,本着以防为主、积极治理的原则,首先在政策法规、组织保障和舆论宣传上为我国农业立体污染防治

奠定良好的条件与氛围；充分吸收、融合与集成点源与非点源污染防治以及以往农业生态环境建设的相关成果，强化软硬"两个方面"建设；在国家的统一部署下，按区域、分步骤、突出重点、部门协同，尽快形成一批具有国际影响力的、拥有自主知识产权的原创性的农业废弃物资源化利用与立体污染防治高新技术成果，初步构建我国农业立体污染一体化防治技术与政策法规体系，形成定期发布我国农业立体污染报告的能力，为我国农业污染防治提供坚实的技术支撑与依据。

针对我国农业立体污染特征，开展科学布点和时空动态监测，从源头阻断、过程控制、末端治理出发，开展农业污染监测、防治技术集成与类型示范，沿着"监测评价→技术集成→基地示范→辐射推广"的序列，分步实现研究目标。

在技术路线方面，农业立体污染综合防治强调，农业系统是复杂的生态大系统，农业污染是复杂的复合污染，其防治是一项复杂的系统工程。以往的单项治理技术虽然在解决特定污染方面具有一定作用，但面对当今农业复杂污染的局面，已经远远不能有效解决问题。只有通过控制整个立体污染的循环链，打断农业污染的往复循环和互为因果的各个环节，即采用源头阻控、过程阻断和末端治理的综合治理路线才能从根本上解决农业污染问题。

在方法体系方面，农业立体污染防治需遵循生态学、系统工程学、环境科学与农业资源利用等学科的原理与方法，应用系统的理论和技术体系，以科学的农业发展观和循环经济的发展思路为指导，从基础科学需求、核心技术支撑和政策、法规、管理保障等几大层面出发，树立"整体—协调—循环—再生"的生态农业理念，构建我国农业立体污染监测与信息网络，摸清农业立体污染的底数，建立农业立体污染防治平台，整合我国农业污染防治资源，筛选出关键防治技术，进行农业污染的综合防治。

4.1.4.2　农业立体污染防治研究的重点发展领域

以科学发展观统领我国农业立体污染研究的大局，通过学科交汇融合，研究"人口—粮食—资源—环境"整体系统中资源与环境保护关系，促使人类社会的发展与资源、环境协调和统一。同时，必须注意农业立体污染防治发展的基础理论研究，以促进农业立体污染防治学科的自身发展和增加知识与技术的进一步积累。因此，未来农业立体污染防治研究将从土壤圈与地球系统各圈层间的基础科学角度出发，围绕一个核心和两个方面，即以研究各圈层间即水体—土壤—植(动)物—大气链间物质循环为研究核心，向农业生产良性循环与农业循环经济以及资源保护、生态、环境建设等方面扩展。

我国未来5～10年农业立体污染防治优先考虑的研究领域如下：

(1)充分利用已有农业信息资源开发建立农业立体污染防治信息系统

1)农业立体污染分类、标准化和国际化的归一化技术研究。

农业立体污染系统分类是农业资源合理利用、保护以及全球气候变化研究的基础。我国农业立体污染系统分类将根据我国国情拟定诊断层和诊断特性谱系,在分类定量化、标准化和国际化方面创立一套全新的系统,还要加强有我国特色的农业立体污染标准化分类方法研究,充实和发展我国农业立体污染基层分类和资源分类在农业与环境保护上的应用和研究,逐步建立当前由分散农业污染分类方法到农业立体污染归一化分类技术体系。

2)建立国家级农业立体污染基础信息采集系统。

建立国家级农业立体污染信息采集系统的基本目的是以利于有关部门制定农业资源利用和环境保护的决策,加强和改进调查信息收集、贮存、操作和传播手段,使国家级农业立体污染地理信息系统应用于野外作业中,能按信息标准化、区域治理的需要采集。近期该研究的重点是借鉴国际上分支学科经验,以中国土壤分类和土壤普查资料为基础,建设以中国土壤理化属性为主,生物信息、水体质量和气候信息相结合的数据库,加强水体、地表、生物物象信息采集、加大遥感技术应用范围,加强遥感与非遥感数据综合处理,建立健全以我国最新科技成果为基础的农业立体污染信息采集系统,建立区域 1∶100 万数字化农业立体污染数据库。

3)区域农业立体污染信息获取的重点。

了解区域农业立体污染信息是立体化综合治理的必要前提。对于黄土高原,应加强水、土、肥污染物流失引发的农业立体污染信息的获取研究;对于黄淮平原,应突出化肥、农药、污水及农业废弃污染物引发的农业立体污染信息的获取研究;对于南方丘陵区,应重点强化季节性水、土、肥流失和水体污染引发的农业立体污染信息的获取研究;对于长江中、下游经济较发达区域,则应注意土壤污染、水体污染引发农业立体污染信息的获取研究;而对于三江平原,重点应放在水体污染物沉积引发的农业立体污染信息的获取研究。上述地区农业立体污染的发生对我国资源环境保护、保证粮食质量有重要意义。

（2）农业立体污染的时空变化、形成机理和阻控对策研究

1)农业立体污染的时空变化研究。

目标是从不同尺度上对不同类型的农业立体污染形成机理和时空变化进行空间分布上的评价和表达。具体研究内容包括我国 1∶400 万农业立体污染现状分布图的编制、我国 1∶400 万农业立体污染数据库的建立、农业立体污染的时空变化规律、典型地区农业污染物在不同时间序列上的空间分异比较研究。

2)农业立体污染发生机理与阻控研究。

农业立体污染发生机理是探讨污染发生的内因外因、静动平衡过程、物质链协调迁移水平,用最基本的科学原理分析水体富营养化、水土养分流失、大气与食品污染、土壤酸化和养分不平衡、重金属富集等污染机理。同时要从综合一体化的角度寻找增强抗污染的途径。内容包括:立体污染的引发机制研究,水体、土壤、生物、大气各界面层污染发生的敏感性研

究,层面污染容量和突变发生条件研究,层面间物质迁移过程和速率的研究,农业立体污染分级与污染节点确定研究,农业立体污染链节点阻断研究等。

（3）区域农业立体污染控制技术与模式

1）区域农业立体污染中物流及控制技术的研究。

农业立体污染系统中物流及控制技术研究不仅是研究土壤—植物系统物流,更重要的是研究不同区域水体—土壤—生物—大气全程物流,包括研究土壤微生物与土壤动物在养分活化和迁移中的作用、生态学功能,同时要加强研究不同区域农业立体污染系统中物质转化途径,探讨不同利用方式与不同耕种机制下对物质的有效转化,以及土壤、生物、水体、大气在物质转化中的作用,寻求提高物质资源利用的新技术体系,探索区域农业立体污染控制通道与阻控技术。

2）区域农业立体污染系统修（恢）复功能的研究。

提高农田生态系统良性循环,恢复其良性生态功能的研究是实现"高产、优质、高效"农业的必由之路。在继承传统农业合理部分的同时,适度施用化肥与农药等化学药品,以保持农产品的质量、产量与农田系统良性循环的和谐统一。因此,研究区域农业立体污染系统中的不同农田生态功能修（恢）复是当前的防治研究的重要课题,同时也要探讨不同区域多种优化耕作轮作模式及其污染物质多层次利用,适度归还有机物,维持并提高土壤污染物容量的途径以及物质平衡的调控措施等。

3）区域农业立体污染控制模式的研究。

区域农田生态系统中物质循环特点与区域农业立体污染防治模式紧密相关。我国重点区域的农业立体污染有着各自不同的特点,研究不同立体污染系统中物质循环过程是实现不同农业立体污染区域控制污染的基础,而建立区域控制技术模式是降低区域农业立体污染威胁和提高农业系统生产力的主要环节。因此,应重点研究不同区域农业内部系统物质循环特征、探索各界面关系、根系分泌与根部透水在物质循环中的贡献与污染危害,以及探索区域再生资源再循环的最佳模式,提高区域农业系统生产力,保护与改善区域生态资源环境。

（4）农业立体污染与安全指标和评价体系及其预警预报研究

1）农业立体污染与安全指标和评价体系研究。

农业立体污染与安全指标和评价体系研究内容包括:农业立体污染与安全指标和评价体系的建立,不同污染源贡献指标体系研究,农业立体污染综合防治技术评价方法与评估模型建立,农业立体污染趋势及其安全性预警预报研究,农业立体污染综合控制指标与治理模式研究,农业立体污染综合治理的决策系统研究等。

2）高度集约化条件下污染物控制制度的建立。

高度集约化条件下化学物品投入控制制度的建立是防治农业立体污染的重要措施。在高度集约化条件下,有机—无机肥的配合体系是提高土壤污染容量、建立"高产、优质、高效、安全"农业的基础。具体研究包括:不同集约化农业生态系统中物质循环的特点和作用,以及提高再生资源循环效率的措施;物质在土壤中转化和去向及其对增产效果和环境质量的影响;提高农业生态系统中物质循环速度与土壤污染容量的途径;集约农业条件下作物对环境条件需求变化特点等。

3)农业立体污染物消长规律与污染界定研究。

水体—土壤—生物—大气系统污染物迁移与消长是确定农业立体污染发生的重要依据。农田土壤营养或污染取决于农田现有存量和施肥与农药用量,适度与过量应有明确的界定。因此,应研究科学施肥与用药、合理耕种;研究农业系统物质消长规律与抗污染的调节能力;研究农业系统环境容量与污染界定方法。目前,要研究环境条件对养分迁移、根系吸收及物质沉积的影响;污染物与土壤微结构、表面性质及其与离子吸附和解吸的关系;污染物的种类、数量、活性及其对根际营养的影响;污染物的形成条件及水分对污染物在各界面迁移的数学模型等。

(5)农业立体污染与各层间物质循环关系研究

1)土壤圈与大气圈的物质交换。

土壤圈与大气圈之间进行着频繁的物质交换。土壤作为大气污染气体(甲烷、一氧化二氮、氨气和硝酸盐或亚硝酸盐)源和汇是当今世界研究的热点,应重点研究土壤中转化的污染气体及与大气质量有关的其他痕量污染气体产生、排放和吸收的过程及其机理;以及从大气进入土壤的物质,如酸雨、含氮的雨水、沉降物等对土壤的影响过程及机理。

2)土壤圈与生物圈物质交换。

研究目的是在保证土壤生产力持续发展的基础上,通过调节土壤圈与生物圈的物质交换以提高农作物产量和改善农产品质量。近期研究重点为土壤中生物吸收土壤污染物质数量及其组成;土壤质量对生物吸收污染物质的数量和组成的影响及对生物品质的影响;生物物质对土壤污染物容量,特别是有些植物根际分泌物对土壤质量的影响;植物对不同形态污染物的吸收差异,根系分泌物对污染物形态转化与迁移的影响。

3)土壤圈与水圈的物质交换。

土壤圈与水圈的物质交换是自然界客观存在的过程,而人类活动已显著加剧了这一进程。近期研究重点为肥料(化肥和农家肥)和农药的投入、污水灌溉及其他废弃物进入土壤后对地下水和地表水的污染;土壤中污染物质向水体的迁移与转化过程及其影响因素;水体污染对农业水利用的影响等。

4)圈层间物质循环的数学模型。

通过建立土壤圈物质循环的数学模型以揭示圈层间污染物质循环规律,预测土壤圈污

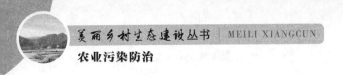

染物质的演化趋势。近期的研究重点是建立圈层间污染物质循环单元和整体数学模型。

4.2 农业立体污染的基本特征

4.2.1 我国农业污染的严峻态势

我国在农业水土资源十分紧缺的背景下,实现了主要农产品供给从长期短缺到基本平衡、丰年有余的历史性转变。但同时农业污染现象也逐渐升级,产地环境质量局部改善、整体恶化的状况并未得到根本缓解,全国已有 2/3 以上的水域和 1/6 以上的土地受到不同程度的污染,农药、化肥、有机固体垃圾等造成的污染相当严重。近年调研表明,我国三湖(巢湖、滇池和太湖)水域污染物中,来自农业与城乡接合部的水域污染物占 50% 以上;来自农田、畜禽场和城乡接合部的氮磷占太湖、巢湖水体富营养化污染的 70%,远高于工业与城市生活排污,我国农田肥料污染已经成为水体富营养化的主要污染源,农田肥料污染的负荷平均为 47%。截至 2005 年,在总负荷污染中,来自非点源污染的总氮、总磷和化学需氧量分别占 60%～70%、50%～60% 和 30%～40%。目前,我国喷施农药的 60%～70% 散落于环境中,污染土壤、大气、地下水和农产品。至今,农产品中农药的超标率和检出率在 30% 以上,一些地区的瓜、果、菜产品竟超过 60%,对我国农产品的国际竞争力和人民健康造成很大影响。

更令人担忧的是,我国是目前世界上肥料、化肥、配合饲料、地膜等用量最多的国家,畜牧业与农产品加工业正在迅猛发展,农业自身污染的潜在危险很大。全国绝大多数区域尚未真正实施平衡施肥和科学用药,肥药的利用率仅 30%～40%,远低于发达国家的水平。同时,我国也是有机废弃物产出量最大的国家之一,每年大约有 40 亿 t。其中,人畜粪便排放量约 30 亿 t,农作物秸秆 6.5 亿 t,蔬菜废弃物 1 亿～1.5 亿 t,城市生活垃圾 2.0 亿 t,城市污泥 0.2 亿 t,畜产品加工厂废弃物 0.6 亿～0.7 亿 t,废弃塑料 25 万 t。其中,全国 80% 以上的规模化畜禽养殖场未经过环境影响评价,60% 的养殖场缺乏必要的污染防治措施,农产品加工行业尚缺乏排污限额标准。签订《京都议定书》后,我国农业生产中的温室气体排放已经成为非常敏感的国际化问题。集约化农业生产系统中大量的臭气、挥发物、焚烧物、有毒物和氮磷等养分流失于土壤、水体、大气和生物体,并在其间转化、迁移、富集,甚至再生,对生态系统产生循环污染和长远影响。

4.2.2 我国农业立体污染的基本特征

纵观近年我国农业污染的发展过程,有以下几个特点:

第一,农业污染物种类增多,污染空间呈现扩张和立体化的趋势。污染物不仅包括农药化肥污染、重金属污染,还包括大量的废弃秸秆、塑料薄膜、城乡废弃物等。近年来,集约化养殖场畜禽粪便污染已经成为我国当代农业的污染大户,集约化种植业也正在变成我国农业污染的主要来源,而且在温室气体排放中的作用也逐渐被关注,正在成为国际化的热点问题。

第二,在高负荷条件下,农业系统的自身污染呈不断加剧的趋势,污染源逐步由工业为主与工农并重向以农业为主转变。同时,工业与生活污染物进一步向农村转移,农业产地生态系统已经成为最直接的受害者。

第三,农业污染逐步由简单走向复杂,在表现上逐步由"点源"和"非点源"特征走向"立体"特征,呈现出时空延伸特征。污染物在土壤、水体中残留、积累,并通过物质循环进入作物、畜禽和水生动植物体内,通过食物链对畜禽、人体等构成危害。近年来,我国不断出现急性食物中毒事件以及畜禽水产品中的抗生素、激素、重金属污染等问题,已引起了人们对污染链造成的食品安全问题的高度关注。

第四,农业污染治理的难度不断加大。我国曾先后组织开展多项重大农业环境污染防治工作,并取得了一定成绩。但由于农业污染的高度综合性、复杂性、潜伏性等,传统"点源""非点源"污染防治已无法解决复杂的"立体化"农业污染问题,对水体、土壤和大气的单方面研究已经远远不能从根本上有效解决农业污染问题。

4.3 农业立体污染防治措施和建议

4.3.1 农业立体污染防治措施

(1)建立完善农业污染防治法规体系

农业污染由于其复杂性及被重视程度不够,相应的防治法规体系还未形成,今后应高起点、高速度,运用"农业立体污染"的新思维,构建科学合理的农业污染防治法规体系,使农业污染防治工作有法可依,落到实处。在这方面,发达国家的做法值得借鉴。例如,欧盟目前与控制农业污染密切相关的法律和指令有《欧盟水框架指令》、与化肥有关的欧盟议会和委员会规定的建议、减少农业非点源污染的《硝酸盐指令》、2013 年 9 月 1 日欧盟委员会颁布实施生物杀虫剂新法规生效,取代已运行 11 年的《欧盟生物杀虫剂指令》、限制水中杀虫剂残留的措施及为保护鱼种和贝类安全而制定的水清洁的共同体措施等。另外,还有非点源污染实施计划、动物集中饲养计划规定、农村清洁水实施计划、杀虫剂实施计划以及海岸非点源污染控制实施计划等。此外,还积极鼓励农民对农业污染进行主动性控制。

(2)实施引导、扶持政策

农业环境保护是一项公益性的工作,应该加强国家支持力度。例如,对使用粪肥等有机肥实行补贴。施用粪肥具有正外部性,即粪肥被施用的同时减少了污染,但这种减污的公益效果未被市场承认,粪肥的施用者事实上是在免费为社会减污。为了推动粪肥的资源化利用,应给予粪肥施用者以某种补贴。在美国,自 20 世纪 30 年代以来,联邦政府采取了一系列扶持政策,以减少对农业环境的污染。

(3)实施源头控制,发展循环经济

以往的农业生产大多是单一的过程,即没有考虑与自然界以及各行业间的物质循环关系,容易带来环境问题。运用生态系统的物质循环原理,建立闭路循环工艺,实现资源和能源的综合利用,可以杜绝浪费与无谓的损耗,从源头上减轻农业环境污染。所谓闭路循环工艺,就是要求把两个以上的流程组合成一个闭路体系,使一个过程中产生的废料或副产品成为另一个过程的原料,从而使废弃物减少到生态系统的自净能力限度以内。例如,集生态、社会、经济效益于一体的生产布局,即畜牧业与种植业相结合,加上以沼气发酵为主的能源生态工程、粪便生物氧化塘多级利用生态工程、有机废弃物饲料化利用生态工程,实现有机废弃物资源化,不仅有效解决粪便、秸秆等有机废弃物污染,还可逐年提高土壤的有机质含量,确保农业的可持续发展。再如有机废弃物的工业利用工程,即把农业废弃物中的纤维素和半纤维素分离出来,用于人造纤维、造纸及其衍生物的生产;通过纤维素和半纤维素的水解,将所含的多糖转化为单糖,再进行化学和生物化学加工,制取酒精、饲料酵母、葡萄糖等多种化工产品。

(4)完善农业环境监测网,摸清农业污染的底数

在农业系统已有的监测网站的基础上,根据农业立体污染监测的需求完善并形成覆盖重点区域的农业立体污染监测网络,通过长期定点监测,摸清农业立体污染的底数,为我国农业立体污染防治技术的研发和农业环境污染政策的制定提供科学依据。

(5)开展农业立体污染防治理论与技术的研究与创新

在进一步加强农业非点源污染防治和减少温室气体技术研究的同时,必须尽快全面实施一体化的综合防治理论与技术研究,重点开展主要污染物在水体—土壤—生物—大气系统中迁移规律的研究、农业生产过程中立体污染的阻控新技术和新方法的研究,建立农业立体污染防治技术的诊断与评价方法,为防治农业立体污染提供技术支撑。

(6)建立综合防治示范点,提供环境友好的技术模式

结合农业发展总体布局,根据不同区域的污染特征和社会经济条件,在典型区域建立农业立体污染综合防治示范点,开展立体污染综合防治技术区域适应性研究,筛选出关键防治技术,示范推广节本增效、环境友好的技术模式。

(7)利用高新技术,防治农业立体污染

20 世纪 90 年代,我国提出了环境与发展十大对策及"科技兴国"和"可持续性发展"战略。在国家计划中对资源与环境问题展开立项研究。其中包括:不充分灌溉条件下水肥相

互作用机理及提高水肥效益研究,土壤退化的时空演变、退化机理及控制对策,草被对防治土壤退化的作用研究,提高化肥利用率的高效施肥技术研究,高产高效施肥综合配套技术研究,土壤肥力与施肥效益监测创新技术,高产稳产农田肥力优化模拟,农药科学使用与生态效应研究,重要病虫害灾变规律及综合防治研究,环境异物对农业持续发展的影响与调控等。这些科技成果的应用,必将有效地防治农业立体污染。例如,应用生物技术治理农业环境污染具有效果好、安全、无二次污染等优势,是保障可持续发展的一项有力的技术措施。生物技术可用于受污染农田的修复,水污染的治理、化学农药残毒对人和禽畜的危害治理,不可降解塑料造成的白色污染治理,农林废弃物、禽畜和水产养殖造成的污染治理,另外,生物技术还可以对生物资源进行有效的保护和合理利用。

4.3.2　实施农业清洁生产的对策措施

实施农业清洁生产是一项系统工程,需要各部门多方面合作,需要多学科、多种清洁技术组合,要以点带面加以推广实施,使农业生产成为一个清洁生产过程。

(1)加大对农业清洁生产的扶持和管理力度

实施农业清洁生产必须要有一定的政策来保证。因此,需要制定相关的农业清洁生产条例,明确管理部门。政府在宏观调控方面具有主导地位。因此,适时制定一些关于农业清洁生产的政策和法规,对于实现农业清洁生产具有十分重要的作用。政府可以运用财政、金融和税收手段,对农业清洁生产项目进行扶持;同时,对于农业污染物的排放通过法规进行管理,促使农业生产单位重视清洁生产问题。

(2)研究开发实施农业清洁生产的配套技术

实施农业清洁生产一定要有相应的技术保障,国家在技术开发方面要进行投入。建立农业清洁生产的监控体系,使农业生产的各个环节都达到清洁生产要求。

(3)开发和推广有机资源循环利用

农业生产和加工中有大量有机废弃物。它既是一种污染物,影响清洁生产,又是一种资源,必须要综合利用。技术上要攻关,政策上要保证,使这些有机资源在农业生态中循环利用,从而减少化学品对农业生态的干扰,使农业清洁生产能稳步实施。

(4)科学地使用化肥"农药"农用薄膜

组织专家学者帮助、指导农民科学施肥。依据土壤条件、气候环境和作物种类以及生长期定量施肥和施药;帮助、指导农民平衡施肥,倡导使用复合肥料,使肥料中的氮、磷、钾等成分比例适当。使用过的或废弃的地膜应收集起来,集中处置。

(5)节约用水,科学灌溉

农业生产是用水大户,灌溉用水应符合农田灌溉水质的标准,重金属含量高的废水不能灌溉。节约用水是农业生产者必须遵循的原则,特别是北方缺水地区,大水漫灌是不可持续的,也不利于提高农作物产量。

(6)开展生态农业建设

大力发展生态农业,通过实施高产稳产基本农田建设、庭院生态经济开发、农业废弃物综合利用、农业非点源污染控制等工程和推广适用的生态农业技术模式,建立无公害农产品生产基地,逐步实现农业结构合理化、技术生态化、过程清洁化、产品无害化的目标。同时,加大生态农业的科技攻关力度,进行技术创新,制定颁布生态农业的指标体系、标准体系和认证管理体系,以便大范围调动企业、农民和地方人民政府发展生态农业的积极性。

4.3.3 大力发展清洁农业综合防治立体污染

4.3.3.1 发展清洁农业是确保农产品质量安全的重要途径

"清洁农业"的提出可追溯到1989年,联合国环境规划署针对日益严重的环境压力,总结20多年来"末端治理"的教训,正式提出了"清洁生产"的概念。我国在1993年提出并推行"清洁生产",1994年《中国21世纪议程》将"清洁生产"列为重要内容。实行"清洁生产"是可持续发展战略的要求,也是控制环境污染的有效途径。开发和利用清洁的技术,把污染控制由末端治理方法上升为生产全过程控制,实现环境和资源的保护及有效管理,是清洁生产所关注的新思路。"清洁农业"是"清洁生产"在整个农业产业体系中的应用,不仅要求在田间场地中实施清洁生产操作规程,还要求农业产业链的各个环节进行清洁操作,最终实现农产品的清洁化供给。

我国农产品质量安全方面的基础工作是围绕"无公害农产品""有机食品"和"绿色食品"等展开的,经过多年努力,成效显著。目前,市场上的"无公害农产品""有机食品""绿色食品"等是针对食品质量安全认定标准进行的分类。"无公害农产品"允许生产过程中限量、限品种、限时间地使用人工合成的安全化学农药、兽药、肥料、饲料添加剂等,它符合国家食品卫生标准,但比绿色食品标准要宽。"绿色食品"的标准范围从允许限量使用化学合成生产资料到较为严格地要求在生产过程中不使用化学合成的肥料、农药、兽药、饲料添加剂、食品添加剂和其他有害于环境和健康的物质。有机食品是根据国际有机农业生产要求和相应的标准生产加工的,生产加工过程中绝对禁止使用农药、化肥、激素等人工合成物质。但是,单纯地追求使用有机肥,操作不当会对农田生态环境和农产品安全产生负面影响。研究表明,目前我国有机肥每单位养分所带的有害元素量普遍比化肥更多。另外,在有机肥的产业化加工、商品化流通和跨区域施用过程中,会使存在于有机肥中的有害成分不断扩散,有害的病、虫、草等也会对作物、人体和畜禽构成危害。

因此,在我国农产品质量安全的实际工作中,按照"清洁农业"的发展要求,在投入品方面,无论是人工合成的还是天然有机的,都应注重质量要求,从源头上引入农产品产地环境中水、土、气、生立体交叉污染的综合防治思路,将我国农产品质量安全体系建立在清洁产地环境和清洁生产资料的基础上,并通过现代农产品供应链中对环境友善的供求关系调控,使农产品由数量型向质量效益型转化,并通过科技集成创新产生一大批"清洁农业"领域科技成果。将"清洁农业"作为生产安全食品的先决条件和农产品质量安全体系建设的生命线,探索一条符合我国国情的确保农产品质量安全的长效机制。

4.3.3.2　集成创新是当前发展清洁农业的战略需求

"清洁农业"是合理利用资源并保护生态环境、保障农产品质量安全的实用农业生产技术及措施的综合体系。需要采用集成创新的思路,构造有效的技术体系,以实现相互独立但又互补的科技成果对接、聚合而产生的创新。在"清洁农业"的研究领域,综合化、集成化的重要性更为明显。

长期以来,我国"清洁农业"领域的科研工作在一定程度上存在把单项技术作为研发活动主要方式的现象,缺乏与其他相关技术的有效衔接,致使科技研发活动的效率和科技成果转化率不高。今后,应把集成创新作为加强自主创新能力建设的关键,大力促进"清洁农业"技术体系发展。

(1)实施战略集成,确定清洁农业技术集成创新的重点

针对农产品质量安全的战略性重大科技需求,选择具有较强技术关联性的清洁农业项目,集中科技资源,大力促进各项相关技术的有机融合,实现关键技术的集成创新。一方面,将农业立体污染综合防治的思路延伸和渗透到农产品质量安全的生产和管理中,从产品产地环境中的水、土、气、生立体交叉污染循环链接的控制入手,严格规定生产资料及废弃物的标准,形成新型"清洁农业"生产技术体系;另一方面,通过农产品供应链末端消费者的需求导向,从现代农业供应链中龙头位置的超市控制"清洁农产品"供应商及其直属农场和协作农户的农产品质量标准,形成对环境友善的新型农产品安全生产的供求关系。以农产品产地水、土、气、生立体交叉污染综合防治和现代农产品供应链控制农业污染及科技集成创新等思路形成重大战略性与前瞻性项目,将其作为清洁农业技术集成创新的抓手,可带动一大批清洁农业科技项目,以实现自主创新的重大突破。

(2)实施资源集成,夯实清洁农业技术集成创新的基础

集成现有农业科技资源,包括对现有技术、资金、市场和人才等要素进行系统的大规模整合、优化,鼓励高新技术企业与科研单位、高等院校、大中企业建立多种形式的科技经济联合组织,并按要素的效应进行分配,夯实清洁农业技术集成创新的基础。密切关注国内外农业科技资源的最新动向,将各种渠道获得的创新资源组织集成,不断优化创新资源配置。我国农业科学技术的创新主体大多是各自独立的科研单位、大专院校和企业,通过全国创新资

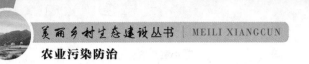

源的融合,能使清洁农业技术集成创新保持旺盛的活力。

(3)优化组织机制,提高清洁农业技术集成创新的效率

在技术发展迅速、用户需求变化多端的环境中,要完成复杂的资源密集型农业生产任务,优化清洁农业的组织机制至关重要。清洁农业应以产业、技术或产品为平台,以计划、项目为主要组织形式,并辅以相应的农业生产技术手段和经济管理手段支撑的集成创新模式,在较短的时期内集成清洁农业生产的相关技术、信息、知识、能力等创新资源,在一个相对稳定的平台上实现农产品质量安全体系建设的创新突破。

(4)加强支撑体系建设,改善清洁农业技术集成创新的环境

实现清洁农业集成创新的目标,不仅取决于对农业生产内部资源、人才和技术的集聚力,还取决于对科技单位、金融部门、相关企业、地方人民政府和当地农民等外部因素的融合力。营造良好的环境,可使清洁农业科技产生协同效应和强化效应。

4.3.3.3　发展清洁农业的关键及对策措施

(1)严格控制农业投入品质量

农业投入品的有害成分是农业生产过程中的污染源,主要通过施肥、用药、灌溉等生产活动导入农业生产系统,最终危害农产品质量。因此,要严控农业投入品质量。在施肥方面,注重使用无公害环保化肥、复合肥和有机肥,同时针对有机肥质量难以控制等问题,严格执行有机肥产品质量的行业标准,并确立严格的产品登记和质量检测制度。大力发展和施用无污染的微生物肥料,以提高农作物品质、减少化肥需用量、改良土壤、增加土壤肥力。在用药方面,了解药物成分的明确数据并据此科学指导施用。尽量控制使用污染环境的杀虫剂、杀菌剂、除草剂,倡导选用高效、低毒、低残留新型农药。例如,由常规化学农药添加缓释剂加工而成的长效、缓释、控释农药,可控制、预防有害生物危害,又可最大限度地减轻对环境的污染。在灌溉方面,加强对污水灌溉的管理,严控城市污水和工业废水中排放的重金属、有毒、有害、有机物及酸碱等标准,保持农业灌溉用水的清洁度。

(2)有效落实农业生产操作规程

在施肥、用药、灌溉等环节,严控投入品质量,同时针对每一种投入品还应有具体的操作规程。例如,根据土壤养分和作物需要,配方平衡施肥,在规定时间内施用规定的量。根据肥料的种类及理化性质,合理混用化肥,如有机肥与无机化肥的合理混用,以提高肥料利用率并改善土壤结构,防止土壤板结。这些规定要有严格的科学依据,并体现在合法的操作规程中,以减少浪费,降低其对环境的污染,并有效提高农产品质量。

(3)综合防控农业污染,加强农产品产地环境建设

农产品产地环境水、土、气、生立体交叉污染是工农业快速发展的一个伴生产物,是由不合理的农业生产方式和人类活动引起的。因此,在立体污染的防控技术上,一方面要审视以

往技术上暴露出来的问题,另一方面要进行科技创新,研究新问题,提出新方法,从而加强农产品产地环境的建设工作。首先,避开地球化学污染的威胁,因为某些地域地壳化学构成异常,有害元素如铅、镉、汞、砷、氟等元素相对富集,造成对环境的污染。其次,产地内在项目建设的同时进行"废气""废液""废渣"治理建设,并达到规定"三废"无害化排放标准。最后,在畜禽养殖区,进行畜禽粪便无害化处理,防止其对环境的污染,并对产地的大气、土壤、水体定期进行检测,使环境质量达到国家规定的标准。

(4)加强科研、推广、生产之间的链接

以科技集成创新为核心,确保"清洁农业"有旺盛的技术供给源泉。在农药品种方面,要研究高效、低毒、低残留农药替代剧毒性农药,并加强生物防治技术的开发,研究生物基因工程在防治作物病虫害中的应用。在施用技术上,探索科学、合理、安全的农药施用技术。研究农药在农作物中的变化、残留规律,制定农药安全使用标准,规定农作物的安全收割期,常用农药在食品中的允许残留量等。将科研成果的推广建立在高效的平台上,使农业生产中的直接操作者、广大农民了解清洁生产的意义和规程,推广环境友好型农业生产技术规程,从产地投入及环境水平方面保障农产品质量安全。

(5)注重体系建设与管理

良好的农业生产行为离不开合理的农产品质量安全体系的建设和科学的管理。"清洁农业"牵涉方方面面,大到国家的农产品质量安全,小到每个农户的意愿,必须有相应的政策体系和管理机制。例如,土壤肥力的清洁提升是农业发展的一种新模式,应贯穿农业生产的全过程,因此,必须落实宣传政策,改变传统的生产观念,通过多种途径提高农业生产人员的文化和科学技术水平。要加强宏观调控,优化食物安全预警体系,完善配套的食物安全标准。

(6)改善农业科技集成创新的政策环境

完善发展清洁农业的相关法律法规,尤其是知识产权法律法规体系,促进科技成果顺利流通,以推动清洁农业科技集成创新。同时,加强清洁农业基础研究与推广资金保障体系建设,制定多元化的投入政策,在进一步加大国家投入的同时积极引导相关企业和社会资金投入,采用合适的融资方式利用外资,制定清洁农业科研风险投资政策。强化政府对农产品质量安全科技创新的财税支持,建立补贴、信贷等制度,并实行特殊的税收优惠政策。提高政府的组织协调功能,协调产、学、研三者之间的关系,建立促进农产品质量安全体系、建设科技创新体制。

(7)充分发挥现代农产品供应链在防治农业污染中的作用

利用现代化农业供应链中超市的作用,把源于消费者对"清洁农产品"的需求转化为利益动力,传递到整个供应体系中,强化对农产品规格、质量、等级的要求,促进农产品产地污染防治和农产品质量安全标准的实施。同时,超市通过建立优质价格制度、市场准入规定、执行监测制度、可追溯供应体系、专业物流体系等进行制度创新,进一步促进农业污染的综合防控和农产品质量的提升。现代农产品供应链还有利于提高农户组织化程度,促进农户与现代化农产品供应链的联系,从而从组织机制上保证农产品质量和产地环境安全,为我国农产品质量安全体系建设提出新思路。

(8)加强国际交流与合作

发展"清洁农业",要重视借鉴发达国家在农产品质量安全的管理和体系建设方面累积的方法和经验,学习国外的先进农产品质量安全新理念、经验和技术。与相关国际机构和基金会合作,建立多元化、多层次、多渠道的投资体制,积极争取国际粮农机构、金融组织、国外政府的支持,吸引和利用外资做好我国农产品质量安全工作。同时,政府应出面引导国际交流与合作,借鉴发达国家在农业清洁生产方面的成功经验,制定适合我国国情的操作规程和运行机制。

4.3.4 发展农业立体污染防治的建议

(1)开展本底调研,构建国家农业立体污染监测与信息网络

本底不清是目前我国农业立体污染防治中的首要问题。建议应根据我国农业生态区域、农业类型、土地利用类型、耕作制度类型等,选择我国农业立体污染较为严重的代表性区域,组建10个左右国家级立体污染长期定位监测基地,并以此为骨架,构建全国产地环境立体污染长期定位监测网,建立我国农业立体污染系统信息资源共享数据库,实现长期定位监测与预报,为国家决策与科学研究提供基础依据。同时,从我国的实际出发,参照国内外相关指标体系,归纳、整合并提出我国农业立体污染监测指标体系和规范化的操作技术规程,重点针对水体、土壤、大气及生物体中多种形态的农药、养分、温室气体、激素类、重金属和秸秆、粪便、地膜、生活垃圾等固体废弃物开展长期定位监测,形成定期发布中国农业立体污染报告的能力。

(2)推进农业立体污染防治政策配套与机制创新

农业立体污染防治涉及政策法规、技术、经济实力、公民意识等诸多因素,涉及政府各部门之间的协调,涉及行政管理和科研部门之间的配合,是一项非常复杂的系统工程。尤其在我国人多地少的基本国情下,不断提升农业发展水平是我国一项长期的基本需求,农业立体污染也只能在发展中治理,这无形中给我国农业立体污染的治理带来了更多的困难。因此,建议建立《农业污染防治法》,着重在产地环境建设、洁净生产、企业生态补偿、部门协作与区间联合、民众参与、规范化管理长效机制、生态政绩制度、奖励制度等方面制定相应的务实而高效的政策法规,推进管理等机制创新,使我国农业污染防治有法可依,有律可循。

(3)组建国家农业立体污染防治工程技术研发中心

农业立体污染是一个全新的理念与思路,又是一个崭新的科学研究领域,在世界上尚无开展相关科学研究的先例,在科学体系和具体内容研究上面临诸多急需探索的科学难题,需要构建新的研究思路与方法,必须采取理论创建、监测与数据采集、核心技术试验等相结合及多学科研究相结合的方法。因此,尽快开展农业立体污染治理研究,必将拓展农业污染治理研究的新领域,带动形成一批新的边缘学科、交叉学科和一批环保新产业的产生,形成一整套全新的科学理论、方法与技术体系,使我国在该领域的系统研究整体上处于世界领先地位,并对世界农业污染防治科学研究做出贡献。因此,建议尽快构建我国农业立体污染防治研究中心,构建国家农业立体污染防治与产地环境建设技术研发平台,并通过重大项目带动与凝聚,尽快开展相关理论与重大科学问题的研究,试验、集成、凝聚和构建一体化防治技术体系。同时,结合全国分区协同攻关,组建一批国家级农业立体污染防治示范基地,为全国农业立体污染监测、评价与防治提供典范与规范化技术。

第 5 章　农业清洁生产

5.1　农业清洁生产概述

5.1.1　清洁生产概述

5.1.1.1　清洁生产的基本概念

清洁生产是一种新的创造性思想,该思想将整体预防的环境战略持续应用于生产过程、产品和服务中,以增加生态效率和减少对人类及环境的风险。

(1)清洁生产应用于生产过程

要求节约原材料和能源、淘汰有毒原材料、降低所有废弃物的数量和毒性。

(2)清洁生产应用于产品

要求减少从原料提炼到产品最终处置的全生命周期的不利影响。

(3)清洁生产应用于服务

要求将环境因素纳入产品设计和产品所提供的服务中。

清洁生产的英文名为 Cleaner Production,意为"更清洁的生产"。这意味着清洁生产是一个相对概念。所谓清洁的技术工艺、清洁的产品、清洁的能源、清洁的原料都是同传统的技术工艺、产品、能源和原料比较而言的。因此,推行清洁生产是一个不断持续的过程,随着社会经济的发展和科学技术的进步,需要适时地提出更新的目标,达到更高的水平。

清洁生产是一种全新的发展战略,它借助各种相关理论和技术,在产品的整个生命周期的各个环节采取"预防"措施,通过将生产技术、生产过程、经营管理及产品等方面与物流、能量、信息等要素有机结合起来,并优化运行方式,从而实现最小的环境影响、最少的资源和能源使用、最佳的管理模式以及最优化的经济增长水平。更重要的是,环境作为经济的载体,良好的环境可更好地支撑经济的发展,并为社会经济活动提供必须的资源和能源,从而实现经济的可持续发展。

5.1.1.2　清洁生产的主要内容

清洁生产的主要内容可归纳为"三清一控制"四个方面:

(1)清洁的原料和能源

清洁的原料与能源,是指产品生产中能被充分利用而极少产生废物和污染的原材料和能源。选择清洁的原料与能源,是清洁生产的一个重要条件。

清洁的原料与能源的第一个要求是能在生产中被充分利用。生产所用的大量原材料中,通常只有部分物质是生产中需要用的,其余部分成为所谓"杂质",在生产的物质转换中常作为废物而弃掉,原材料未能被充分利用。能源则不仅存在"杂质"含量多少的问题,而且还存在转换比率和废物排放量大小的问题。如果选用较纯的原材料与较清洁的能源,则杂质少、转换率高、废物排放少,资源利用率也就越高。

清洁的原料与能源的第二个要求是不含有毒有害物质。不少原料内含有一些有毒物质,或者能源在使用中、使用后产生有毒气体,它们在生产过程和产品使用中常产生毒害作用,污染环境,清洁生产应当通过技术分析,淘汰有毒的原材料和能源,采用无毒或低毒的原料与能源。

目前,在清洁生产原料和能源方面的措施主要有:清洁利用矿物燃料;加速以节能为重点的技术进步和技术改进,提高能源利用率;加速开发水能资源,优先发展水力发电;积极发展核能发电;开发利用太阳能、风能、地热能、海洋能、生物质能等可再生的新能源;选用高纯、无毒原材料。

(2)清洁的生产过程

清洁的生产过程指尽量少用、不用有毒、有害的原料;选择无毒、无害的中间产品;减少生产过程的各种危险性因素;采用少废、无废的工艺和高效的设备;做到物料的再循环;简便、可靠的操作和控制;完善的管理等。

清洁生产过程包括:①尽量少用、不用有毒有害的原料以及稀缺原料;②保证中间产品的无毒、无害;③减少生产过程中的各种危险性因素,如高温、高压、低温、低压、易燃、易爆、强噪声、强振动等;④选用少废、无废的工艺和高效的设备;⑤进行厂内厂外物料的再循环;⑥采用可靠、简便的生产操作和控制方法,完善生产管理等。

(3)清洁的产品

清洁的产品,就是有利于资源的有效利用,在生产、使用和处置的全过程中不产生有害影响的产品。清洁产品又叫绿色产品、环境友好产品、可持续产品等。清洁的产品是清洁生产的基本内容之一,清洁的产品要有利于资源的有效利用。

清洁的产品包括:①产品设计应考虑节约原材料和能源,少用昂贵和稀缺的原料;②产品在使用过程中以及使用后不含危害人体健康和破坏生态环境的因素;③产品包装合理;④产品使用后易于回收、重复使用和再生;⑤使用寿命和使用功能合理。

(4)贯穿清洁生产的全过程控制

全过程控制包括两个方面的内容,即生产原料或物料转化的全过程控制和生产组织的全过程控制。

生产原料或物料转化的全过程控制,也常称为产品的生命周期的全过程控制。它是指从原材料的加工、提炼到产出产品、产品的使用直到报废处置的各个环节所采取的必要的污染预防控制措施。

生产组织的全过程控制,也就是工业生产的全过程控制。它是指从产品的开发、规划、设计、建设到运营管理所采取的防治污染发生的必要措施。

5.1.1.3 清洁生产的目标和基本原则

(1)清洁生产的目标

清洁生产的主要目标在于:实现生产全过程污染的优化控制、节能降耗技术的开发、协调污染排放与环境的相容、绿色产品的研制与生产。总之,清洁生产的目标就是减少污染物的产生。只有减少污染物的产生才能实现污染预防。

清洁生产内部涉及人类社会生产和消费两大领域,是生态和经济两大系统的结合点,它谋求达到两个目标:

1)通过资源的综合利用、短缺资源的高效利用或代用、二次资源的利用及节能、降耗节水、合理利用自然资源,来达到减缓资源耗竭的目的。

2)减少废物和污染物的生成和排放,促进工业产品的生产、消费过程与环境相容,降低整个工业活动对人类和环境的风险。

这两个目标的实现将体现工业生产的社会效益、环境效益和经济效益的统一,保证国民经济的持续发展。

(2)清洁生产的基本原则

根据清洁生产的生态原理及其概念,在实行清洁生产时应考虑遵循以下基本原则:

1)系统性。

系统性要求我们不是孤立地看待问题,而要把考察对象置于一定的系统之中,分析它在系统中的层次、地位、作用和联系。例如,考察一个工序,首先应认清该工序在整个流程中的地位和作用以及与邻近工序和后续工序的联系。开发一个流程,就要看到它在工业生产网络中的地位、原料来源、废料处置与其他生产的协调,等等。评价它的活动,不但要看其经济效益,还要兼顾其生态后果。设计一个产品,则应从生产—消费—复用全过程加以考察,除了制定它的生产工艺,还要安排它使用报废后的去向。遵循系统性的原则,就可以打破"隔行如隔山"的心理障碍,把貌似不相干的事物联系在一起,把一些各自为政的环节统一起来。

2)综合性。

工业上所用的原料大多是综合性的,如煤、石油、矿石、木材等,它们都不是单一的组成,而是具有多组分的复杂系统,所以利用的方式不是"单打一",必须加以综合利用。例如,有色冶金工业接近1/3的产值是由伴生元素提供的,而几乎全部的银、铋、铟、镉、钼族元素,20%的金,30%的硫,也都是在加工综合矿的过程中提取的。

3)物流的闭合性。

物流的闭合性是无废生产和传统工业生产的原则区别。当前最现实的是要将工厂的供水、用水、净水统一起来,实现用水的闭合循环,达到无废水排放。闭合性原则的最终目标是有意识地在整个技术圈内组织和调节物质循环。

4)生态无害化。

清洁生产同时应该是无害工艺,不污染空气、水体和地表土壤,不危害操作人员和居民的健康,不损害风景区、休憩区的美学价值。这个原则的实现有赖于有效的环境监测和环境管理。

5)生产组织的合理性。

旨在合理利用原料,优化产品的设计和结构,降低能耗和原料,减少劳动力用量,利用新能源和新材料等。例如,黄铁矿烧渣用于水泥生产,虽然实现了硫酸生产的清洁生产,但是这种解决方法却不能认为是合理的,因为这样做损失了其中的有色金属、贵金属和铁,合理的利用应先设法提取这些有用组分,然后再制水泥,如采用高温氯化提取等。

5.1.1.4　清洁生产的意义和特点

(1)清洁生产的意义

人类在创造世界、改造世界的过程中,会不断向大自然进行掠夺,在利润诱惑下,资源过度开发、消耗,环境污染和生态平衡破坏已触及世界每一个角落,人们开始反思并重新审视已走过的路,认识到建立新的生产方式、消费方式以及清洁生产是必然的选择。

1)清洁生产是实现可持续发展战略的重要措施。

可持续发展的两个基本要求——资源的永续利用和环境容量的持续承受能力,都可通过实施清洁生产来实现。清洁生产可以促进社会经济的发展,通过节能、降耗、节省防治污染的投入,降低生产成本,改善产品质量,促进环境效益和经济效益的统一。清洁生产可以最大限度地使能源得到充分利用,以最少的环境代价和能源、资源的消耗获得最大的经济效益。

2)清洁生产可减少末端治理费用,降低生产成本。

目前,我国经济发展是以大量消耗资源粗放经营为特征的传统发展模式,工业污染控制以“末端治理”为手段。末端治理作为目前国内外控制污染最重要的手段,对保护环境起到极为重要的作用。然而,随着工业化发展速度的加快,末端治理这一污染控制模式已不能满足新型工业化生产的需要。首先,末端治理设施投资大、运行费用高,造成工业生产成本上升,经济效益下降;其次,末端治理存在污染物转移等问题,不能彻底解决环境污染;最后,末端治理未涉及资源的有效利用,不能制止自然资源的浪费。

清洁生产彻底改变了过去被动的、滞后的污染控制手段,强调在污染产生之前,就采取措施将其削减。它通过生产全过程控制,减少甚至消除污染物的产生和排放,这样不仅能减少末端治理设施的建设投资,同时也减少了治污设施的运行费用,从而大大降低了工业生产成本。

3)清洁生产能给企业带来巨大的社会效益、环境效益和经济效益。

一是清洁生产的本质在于实行污染预防和全过程控制,是污染预防和控制的最佳方式。清洁生产是从产品设计、替代有毒有害原材料、优化生产工艺和技术设备、物料循环和废物综合利用多个环节入手,通过不断加强科学管理和科技进步,达到"节能、降耗、减污、增效"目的,在提高资源利用率的同时减少污染物的排放量,实现环境效益和经济效益的统一。

二是清洁生产与企业的经营方向是完全一致的,实行清洁生产可以促进企业的发展,提高企业的积极性,不仅可以使企业取得显著的环境效益,还会给企业带来诸多其他方面的效益。

1)促进科学管理的提高。

科学管理是新型工业化取得良好经济效益的有效保证,而清洁生产则是提高新型工业化科学管理水平的有效手段。因为清洁生产是一项系统工程:一方面,强调提高企业的管理水平,提高包括管理人员、工程技术人员、操作工人在内的所有员工在经济观念、环境意识、参与管理意识、技术水平、职业道德等方面的素质;另一方面,通过制定科学的奖励机制,把生产过程中的原辅材料、水、电、气、能源消耗量和费用等定额,按照目前国内外同行业清洁生产所能达到的最高水平进行修订和完善,然后将其转化为目标成本,量化分解到各生产车间、工段、岗位和个人,以达到"节能、降耗、减污、增效"的目的。

2)提高企业竞争能力。

质量好、成本低、服务优是产品竞争的基础。企业的环境好、无污染,就使企业具有一个良好的企业形象。这些都可增加消费者对企业产品的信任度,对产品占领市场无疑会起到重要的作用。为了维护我国在国际贸易中的合法权利,有效保护我国工业企业的经济利益,尽可能地减少发达国家愈演愈烈的"绿色壁垒"对我国出口贸易的负面影响,避免与环境相关的非关税贸易壁垒。只有提供符合环境标准的"清洁产品",才能在国际市场竞争中处于不败之地。因此,只有推行清洁生产,才能使我国的工业企业在激烈的国际市场竞争中处于有利地位。

3)为企业生存、发展营造环境空间。

企业的环保关系着企业的生存和发展,当它成为社会不稳定因素时企业有可能被关闭。当企业实行清洁生产,做到增产、增效、不增污时,就为企业的生存和发展营造了环境空间;同时,废弃物处理、处置设施也会取得相应的余量,从而可减少新增设施的投资和运行费用。

4)避免或减少污染环境的风险。

全员的预防意识、完备的预防设施、严密的制度、严格的管理,可以避免突发性重大污染事故的发生,消除或减少对末端治理的负荷冲击和二次污染。

5)改善职工的生产、生活环境。

可改善职工的生产和生活环境,减轻对职工身心健康的影响。

(2)清洁生产的特点

清洁生产包含从原料选取、加工、提炼、产出、使用到报废处置及产品开发、规划、设计、建设生产到运营管理的全过程所产生污染的控制。执行清洁生产是现代科技和生产力发展的必然结果,是从资源和环境保护的角度上要求工业企业的一种新的现代化管理的手段,其特点如下：

1)是一项系统工程。

推行清洁生产需要企业建立一个预防污染、保护资源所必需的组织机构,要明确职责并进行科学的规划,制定发展战略、政策、法规。清洁生产是一项包括产品设计、能源与原材料的更新与替代、开发少废无废清洁工艺、排放污染物处置及物料循环等的复杂系统工程。

2)重在预防和有效性。

清洁生产是对产品生产过程产生的污染进行综合预防,以预防为主、通过污染物产生源的削减和回收利用,使废物减至最少,以有效地防止污染的产生。

3)经济性良好。

在技术可靠的前提下执行清洁生产、预防污染的方案,进行社会、经济、环境效益分析,使生产体系运行最优化,即产品具备最佳的质量价格。

4)与企业发展相适应。

清洁生产结合企业产品特点和工艺生产要求,使其目标符合企业生产经营发展的需要。环境保护工作要考虑不同经济发展阶段的要求和企业经济的支撑能力,这样清洁生产不仅推进企业生产的发展而且保护了生态环境和自然资源。

5.1.1.5　清洁生产的内涵

清洁生产在不同的发展阶段或不同的国家有不同的定义,但其基本内涵是一致的,即包含了两个全过程控制:生产全过程控制和产品整个生命周期全过程控制。对生产过程,要求从源头节约原材料和能源,淘汰有毒原材料,削减所有废物的数量和毒性。对产品生命周期,要从原材料提炼到产品最终处置的全生命周期着手,减小其不利影响。

清洁生产的内涵主要强调三个重点：

(1)清洁能源

开发节能技术,尽可能开发利用再生能源以及合理利用常规能源。

(2)清洁生产过程

尽可能不用或少用有毒有害原料和中间产品。对原料和中间产品进行回收,改善管理、提高效率。

(3)清洁产品

以不危害人体健康和生态环境为主导因素来考虑产品的制造过程甚至使用之后的回收利用,减少原材料和能源使用。

由此可见,清洁生产不仅要实现生产过程的无污染或减少污染,而且生产出来的产品在使用和最终报废处理过程中也不对环境造成损害;还包括技术上的可行性和经济上的可盈利性,体现社会效益、环境效益和经济效益的统一。无论从经济角度,还是从环境和社会角度看,推行清洁生产技术均符合可持续发展战略的要求,保障了环境与经济协调发展。

5.1.2 农业清洁生产基本内涵

5.1.2.1 农业清洁生产概念

当前,人们已经认识到在工业领域实施清洁生产的必要性,并且开始广泛应用到实践中,但对农业领域实施清洁生产的认识还停留在初始阶段。然而在现代农业生产过程中,化学品过量施用严重破坏了农业生态环境,甚至影响到农副产品质量安全,威胁着人类的健康和整个生存环境。在农业领域实施清洁生产的必要性不亚于工业领域。当前,有一些"有机农业"的积极倡导者主张完全或基本上不使用化肥、农药等化学品。国内外实践均已证明,在当前阶段完全摒弃化肥和农药的生产方式还不可能成为一种普遍的农业发展模式,在当前以及未来很长一段时间内,农业的发展仍然离不开化肥和农药,尤其是在我国农业生产水平相对落后的情况下,追求高产稳产依然是当前的主要选择。鉴于此,人们应该寻求一种并不排斥化肥、农药使用的可持续发展的农业生产模式,但是在使用这些化学品时要考虑其生态安全性,实现社会效益、生态效益、经济效益相统一,这种农业生产模式就是农业清洁生产。

农业清洁生产是指可满足农业生产需要,又可以合理利用资源并保护环境的实用农业技术和科学农业生产管理方式。其实质是在农业生产全过程中,通过生产和使用对环境友好的绿色农业化学品(化肥、农药、地膜等),改善农业生产技术,降低农业生产及其产品和服务过程对环境和人类的不利影响,充分利用农业生产过程中的副产品。农业清洁生产是一种高效益的生产方式,既能预防农业污染又能降低农业生产成本,实现部分副产品的资源化利用。

农业清洁生产是应用生物学、生态学、经济学、环境科学、农业科学、系统工程学的理论,生态系统的物种共生和物质循环再生等原理,结合系统工程方法所设计的多层次利用和工程技术,并使其贯穿整个农业生产活动的产前、产中、产后过程,其技术体系有环境技术体系、生产技术体系、质量标准体系等。

《中华人民共和国清洁生产促进法》在特指农业方面的第二十二条指出:"农业生产者应当科学地使用化肥、农药、农用薄膜和饲料添加剂,改进种植和养殖技术,实现农产品的优质、无害和农业生产废物的资源化,防止农业环境污染。禁止将有毒、有害废物用作肥料或者用于造田。"这是目前我国法律体系中农业清洁生产的基本原则。由此可以看出,农业清洁生产主要包含农业生产的两个领域:种植业和养殖业,其过程控制包括产前、产中以及产后三个环节。目前,学术界对于农业清洁生产的概念还没有统一,但其实质是基本相同的,即"将工业清洁生产的基本思想,即整体预防的环境战略持续应用于农业生产过程、产品设计和服务中,以增加生态效率,要求生产和使用对环境温和的绿色农用品,改善农业生产技术,降低农业污染物的数量和毒性,以期减少生产和服务过程对环境和人类的风险"。

5.1.2.2 农业清洁生产内涵与目标

(1)农业清洁生产的内涵

农业清洁生产包括三个方面内容:一是清洁的投入,指清洁的原料、农用设备和能源的投入,特别是清洁的能源(包括能源的清洁利用、节能技术和能源利用效率);二是清洁的产出,主要指清洁的农产品,在食用和加工过程中不致危害人体健康和生态环境;三是清洁的生产过程,采用清洁的生产程序、技术与管理,尽量少用化学农用品,确保农产品具有科学的营养价值的同时无毒、无害。这三个方面的内容贯穿产前、产中、产后三个环节。

相对于传统农业而言,农业清洁生产既要满足农业生产的需要,又要合理利用资源并保护农业的新型农业生产。农业清洁生产贯穿于两个全过程控制:一是农业生产的全过程控制,即从整地、播种、育菌、抚育、收获的全过程,采取必要的措施预防污染的发生;二是农产品的生命周期全过程控制,即对种子、幼苗、壮苗、果实、农产品的食用与加工各环节采取必要措施,实现污染预防和控制。

农业清洁生产是一个相对的概念,所谓的清洁投入、清洁产出、清洁生产过程是同传统生产相比较而言的,也是从农业生态经济大系统的整体优化出发,对物质转化和能量流动的全过程不断地采取战略性、综合性、预防性措施,以提高物质和能量的利用率,减少或消除农业污染,降低农业生产活动对资源的过度使用以及对人类和环境造成的风险。因此,农业清洁生产本身是在实践中不断完善的。随着社会经济的发展、农业科学的进步,农业生产需要适时提出更新的目标,争取达到更高的水平,实现农业污染持续预防,促进农业持续发展。

农业清洁生产是一种高效益的生产方式,既能预防农业污染,又能降低农业生产成本,符合农业可持续发展战略。因此,农业可持续发展理论自然成为农业清洁生产的理论基础。此外,农业清洁生产也是一种经济活动,必然受到相关经济学规律的理论指导。

(2)农业清洁生产的目标

农业清洁生产追求两个目标:一是通过资源的综合利用、短缺资源的代用、二次能源利用、资源的循环利用等节能降耗和节流开源措施,实现农用资源的合理利用,延缓资源的枯竭,实现农业可持续发展。二是减少农业污染的产生、迁移、转化与排放,提高农产品在生产和消费过程中与环境的相容程度,降低整个农业生产活动给人类和环境带来的风险。在农业生产过程中,要提高投入品的利用效率,降低投入品带来的环境风险,既要减少甚至消除废弃物及污染物的产生和排放,又要防止有害物质进入农产品和食品中危害人类健康。

5.1.2.3　农业清洁生产与生态友好型农业生产方式的关系

如果严格按照农业清洁生产的内涵去辨析当前多种生态友好型农业生产方式,如循环农业、有机农业、绿色农业、生态农业等,那么循环农业与农业清洁生产的要求最为贴近。

(1)循环农业

循环农业是把清洁生产思想与循环经济理论、可持续发展与产业链延伸理念相结合运用于农业经济系统中,以"减量化、再利用、资源化"为原则,以低消耗、低排放、高效率为基本特征,以"资源—产品—废弃物—再生资源循环利用"为核心的循环生产模式的农业。通过农业技术创新和组织方式变革,调整和优化农业生态系统内部结构及产业结构,延长产业链,提高农业系统物质能量的多级循环利用,最大程度地利用农业生物质能资源,利用生产中每一个物质环节,倡导清洁生产和节约消费,严格控制外部有害物质的投入和农业废弃物的产生,最大程度地减轻环境污染和生态破坏,同时实现农业生产各环节的价值增值和生活环境的改善。

（2）有机农业

有机农业在生产中不采用基因工程获得生物及其产物,完全不使用化学合成的农药、化肥、生长调节剂、饲料添加剂等物质,遵循自然规律和生态学原理,协调种植业和养殖业的平衡,利用秸秆还田、施用绿肥和动物粪便等措施培肥土壤保持养分循环,采取物理的和生物的措施防治病虫草害,采用合理的耕种措施保护环境,防止水土流失,保持生产体系及周围环境的基因多样性等。

（3）绿色农业

绿色农业是指按照生态经济学原理,依靠自然生态生产力及生态系统的良性循环,生产无污染、安全、优质农产品的现代农业生产方式。在充分利用自然资源,减少使用甚至不使用化肥、农药的条件下,利用生态环境的自然循环,生产安全、优质农产品的生产过程,并充分考虑生产的社会效益和经济效益,实现农业的可持续发展。

（4）生态农业

生态农业是指在保护、改善农业生态环境的前提下,按照生态学原理和生态经济规律,运用系统工程方法和现代科学技术,因地制宜地设计、组装、调整和集约化经营管理农业,但生态农业只是一个原则性的模式而非严格的标准,只是在低层次上实现了物质能量的循环,废弃物利用率较低,忽视部门之间的产业合作与农产品质量,发展不彻底。然而,在农业清洁生产标准、技术体系、法规并未建立和完善之前,这些替代农业模式将被作为一种农业清洁生产模式在世界各国开展广泛实践和探索。

5.1.3 实施农业清洁生产的必要性和可行性

5.1.3.1 实施农业清洁生产的必要性

（1）实施农业清洁生产是防治农业生产污染的需要

第二次世界大战以来,农业生产正变得越来越集约化、机械化、无机化,从而产生了严重的资源与环境问题。农业生产污染日趋严重,主要表现在:第一,农药化肥残余物、重金属、食品/饲料添加剂以及土壤、水体、空气和食物链中的其他污染物对人类健康产生危害;第二,在自然保护方面有价值的生物群落的减少和分化瓦解;第三,集约化畜禽饲养带来的水体、大气和土壤等的污染问题。国内外研究表明,随着工业点源污染逐步得到控制,非点源污染特别是农业生产的面源污染（农药、化肥、畜禽粪便与作物秸秆等废弃物及养殖场温室气体等）正成为环境的一大污染源或首要污染源。在欧洲一些国家的地表水体中,农业磷所占的污染负荷为24%～71%,农业生态系统的养分流失成为水体中硝酸盐的主要来源。美国60%水体污染源属于非点源污染。长期使用化肥可使土壤理化性能恶化、板结、有机质含量下降,流失到水体中的氮、磷又是造成湖泊富营养化的重要原因。我国太湖地区水体总氮、总磷污染负荷中,来自农业的污染负荷分别达到56.50%和14.31%,比工业污染分别高出42.37%和5.57%。化肥大量使用后,呈现出过量施用化肥—流失污染环境土壤结构恶化、地力下降—追加化肥施用量的恶性循环,既造成了资源浪费,也使农业成本逐年上升。农业生产污染已成为制约农业经济发展的重要因素。

我国是一个农业大国,长期以来,为解决基本农产品的供给,引发了农民不合理的环境生态行为。农业增长过分依赖现代化学合成物质的投入,给农民收益及社会经济带来巨大发展的同时,也对人和自然的可持续发展造成极大的威胁,产生了严重的资源与环境问题。农业污染日趋严重,已成为制约农业经济发展的重要因素。农药污染、化肥污染、秸秆污染、地膜残留等问题严重破坏了农业生态环境,导致土壤污染、水体污染、大气污染。生活污水、垃圾的排放造成水体富营养化,呈现酸化趋势,污染程度甚至超过工业、生活污染。残留地膜将破坏耕层结构,减少含水量,降低渗透功能,致使土壤板结。长期、不合理、过量施用化肥使土壤酸化,改变了原有营养结构,造成土壤退化、贫瘠。同时,焚烧秸秆时,会产生有毒、有害物质及温室气体,破坏臭氧层。农业清洁生产要求在农业生产中使用绿色农药、化肥、地膜,采取清洁技术、生产程序,消除污染,减少生产过程、产品、服务中对环境、人类的危害,实现社会效益、生态效益、经济效益的统一,是提高农产品质量、实现农业可持续发展的需要。

(2)实施农业清洁生产是控制农业环境污染的需要

我国人口增长较快,解决温饱压力巨大,毁林围湖造田、过度垦荒、放牧、滥捕、滥伐导致水土流失严重、土壤肥力下降、土壤盐碱化或酸化、蓄供水能力下降等问题长期存在。另外,农业环境的外源污染,如酸沉降、光化学污染、工业"三废"污染等不仅影响作物生长发育,而且会导致农产品质量下降,危及人体健康,以上这些农业环境的破坏只有通过实施农业清洁生产的全过程整体预防策略方能逐步得以控制。农业清洁生产通过调整和优化农业结构,合理利用资源,维护生态环境,并通过废物减量化、无害化、资源化处理,达到控制农业环境内外源污染,实现清洁农产品和改善生态环境的双重目的。

(3)实施农业清洁生产是农业资源永续利用的需要

我国可耕地面积只有世界人均可耕地面积的1/3,农业土地资源由于工业化进程加快、荒漠化侵蚀等原因面临日益短缺的危险。我国也是水资源极其短缺的国家,我国很大部分农田处于干旱、半干旱地区,加之不合理的灌溉方式,造成水资源利用效率低下。我国水土流失严重,土地荒漠加剧,耕地资源日益稀缺,耕地质量总体偏低,耕地部分质量要素和局部区域耕地质量恶化问题突出。农业生产资源的严重短缺和浪费是制约我国农业发展的首要因素。农业清洁生产通过调整和优化农业结构,合理利用农业资源,通过节约资源、再生资源和提高资源利用效率,减少物能投入,从而实现农业资源永续利用。

(4)实施农业清洁生产是农业增效、农民增收的需要

推行农业清洁生产有利于农民更新观念,改变传统的高投入高产出或高投入低产出的粗放型生产管理模式,优化农业结构节约资源能源,降低成本,提高农业劳动生产率,增收增效,并可提高农产品品质和卫生安全水平,向消费者提供越来越多的安全农产品。

(5)实施农业清洁生产是农业可持续发展的关键因素,是生态农业建设的重要举措

农业可持续发展已成为我国发展农业的一项基本国策。发展生态农业、减少农业对生态环境的污染可使自然资源得到持续利用,促进生态良性循环,是实现农业可持续发展战略的重要途径。发展生态农业的核心是实施农业清洁生产,农业清洁生产强调将整体预防的环境战略持续应用于农业生产全过程及产品中以减少或消除污染物的产生,同时通过节约资源、再生利用资源和提高资源利用效率减少物能投入来实现环境效益与经济效益"双赢"的目标,这与生态农业的"整体、协调、循环、再生"原理相一致。因此,推行农业清洁生产以促进生态农业发展已经成为农业可持续发展的迫切需要。

(6)实施农业清洁生产提高农产品国际竞争力

近年来,发达国家凭借其经济和技术垄断优势,在市场准入方面,通过立法或其他非强制性手段制定了许多苛刻的环境技术标准和法规,不但要求农产品本身质量安全,而且要求其生产过程对环境无害。我国已经加入 WTO,但由于滥用化肥、农药、食品添加剂、防腐剂,出现了不少农产品质量问题和食品安全问题,给农产品出口带来无穷隐患,参与国际竞争步履维艰。要提高农产品竞争力,必须在降低成本、保证质量的同时还要通过环境标志认证。不推行农业清洁生产,就很难在农业生产过程中实现减污降耗、节本增效,很难生产出清洁的农产品,也很难通过环境标志认证。

5.1.3.2 实施农业清洁生产的可行性

(1)已有的农业发展模式为实施农业清洁生产提供了可供借鉴的技术途径和方法

生态农业、有机农业、绿色农业等为农业清洁生产提供了可借鉴的技术途径和方法,特别是生态农业。我国生态农业是根据生态学和生态经济学原理,应用现代科学技术方法,建立和发展多层次、多结构、多功能的集约化经营管理的综合农业生产技术体系。生态农业出发点是既促进当前农业生产力的提高又不破坏环境,因此包含了许多清洁生产的技术特征,只要把生态农业中具有清洁生产特征的技术要素加以总结、提炼,并紧紧围绕实施清洁生产的全过程预防策略进行技术创新,必能制定出适合当地资源环境和社会经济发展水平的农业清洁生产模式和技术体系。

(2)现有的单项实用技术可供实施农业清洁生产筛选集成

我国积累了较丰富的农业综合治理与开发技术以及节能、减污、降耗、增效单项实用技

术,如节水、节氮栽培利用技术,无公害农药开发及应用技术等。这些技术通过筛选集成、配套组合,完全能形成具有一定应用价值的农业清洁生产技术体系的基本框架。

(3)农业的巨大成就为实施农业清洁生产提供了现实基础

农民在解决基本温饱之后正向小康迈进,这为推行农业清洁生产,进行农业和农村结构调整和优化提供了现实基础。例如,通过退耕还林还湖、退牧还草、近海渔场定期休渔等措施,可使生态环境得以修复和保护。我国的西部大开发战略就是围绕资源环境保护和社会、经济可持续发展两条主线协调展开的,彻底改变了以往欠发达地区农业开发治理以粮棉增产为主导的开发思路,而是从保护生态环境的角度出发,宜林则林、宜牧则牧。

(4)工业的清洁生产为实施农业清洁生产提供了借鉴基础

清洁生产已经在工业领域得到广泛深入的开展,这为在农业领域开展清洁生产提供了可借鉴的方法和原理,相关清洁生产法律条文中也有对农业清洁生产的要求体现,如新修订的《中华人民共和国清洁生产促进法》第二十二条规定:农业生产者应当科学地使用化肥、农药、农用薄膜和饲料添加剂,改进种植和养殖技术,实现农产品的优质、无害和农业生产废物的资源化,防止农业环境污染。禁止将有毒、有害废物用作肥料或者用于造田。这为今后农业清洁生产立法预设了一定的法律空间。

(5)农业清洁生产已得到国际社会的广泛认可和积极倡导

即使是在经济发达国家,排斥化肥、农药的有机农业或生态农业也不可能成为一种普遍的生产模式,因此 21 世纪的农业仍离不开化肥、农药等农用化学品。农业清洁生产除了提倡生态安全和资源、环境保护之外,并不严格排斥农用化学品,同时十分重视社会效益和经济效益的可持续性,所以农业清洁生产迅速得到国际社会的广泛认可和积极倡导。例如,美国的"农业之星"项目旨在提高甲烷利用技术;"反刍家畜效率"项目旨在降低奶蛋生产所排放的温室气体;《净水行动计划》是控制农业污染物造成地表水的富营养化措施。此外,美国还采取了水土流失控制、水管理、土地维护与恢复方面的激励措施,如耕地休耕与退耕、湿地保护及土地恢复治理等。立陶宛在农业清洁生产中进行了不断的尝试并取得了一定的成功。例如,利用沼气系统能够处理养殖、家畜屠宰和肉制品加工产生的废料,更为重要的是还能处理从附近居民家里收集的有机废弃物。另一个典型案例是把木材加工产生的片料锯屑和树皮加工成颗粒燃料,减少环境污染,并且出口到欧洲国家。

5.1.4 实施农业清洁生产的主要障碍

5.1.4.1 观念障碍

农业生产部门往往过于强调农产品的产量而忽视了农业环境问题,即使接受了农业清洁生产的概念,并意识到这是农业生产的一场革命,但因环保意识不强、推行农业清洁生产的政策与措施不得力导致农业清洁生产的推行不到位。此外,农民环保意识低,一般只了解和注重化肥农药对农业增产的积极作用,而对其负面效应了解甚微,如过量使用化肥产生的土壤结构破坏,土壤肥力降低,地表水、地下水和农产品污染,人及动植物健康受到危害等。

虽然清洁生产在工业领域内已广泛开展,但是清洁生产理念还没有得到社会的普遍认同,尤其是对农业清洁生产还存在两个认识上的误区:一是认为农业清洁生产就是实施环境保护;二是认为农业清洁生产就是解决农产品的质量安全问题,生产出无公害农产品、绿色和有机食品。

5.1.4.2 体制障碍

目前,我国农业污染防治的法律法规不健全,对农业生产所带来的污染基本上不需要进行相应的环境补偿,在此背景下,农业企业很少愿意增加投资进行污染治理。而这种"市场的失灵"是我国环境污染防治制度与资源定价制度不合理而造成的,最终使清洁生产技术的需求缺乏动力。农业污染主要由规模化养殖业导致的点源污染和作物种植业导致的面源污染构成。污染物总量控制和浓度控制是我国点源污染的重要管理制度,在工业的末端污染控制中起着重要作用。由于农业面源污染具有分散性、隐蔽性、发生区域的随机性、排放途径及排放污染物的不确定性和污染负荷空间分布的差异性,不易监测和量化,至今还未建立合适的管理制度和监管手段。要阻止农业污染物的产生及有毒有害物质进入环境、避免水土流失、减少地表径流,必须建立污染源削减、外源物质及农艺措施准入的管理制度,把农业源头投入总量控制和农业环境影响评价作为农业清洁生产污染预防的强制性环境管理制度,体现清洁生产的核心理念。

农业清洁生产的一些要求虽然在部分法律条文中有所体现,但不够全面,有关规定较为原则,多为倡导性条款,缺乏约束性和可操作性,还没有建立起强有力的包括农业部门在内的协调组织管理体系,农业清洁生产的认证、评价体系尚未形成,使清洁生产仍游离于主要经济活动之外,基本没有改变生产建设与环境保护相分离的局面。

5.1.4.3 技术障碍

农业清洁生产是一种新型的农业生产方式,在没有形成统一认识的情况下,农业清洁生产只是个概念,易理解,难实施。相关的具有环保概念的农业,除了有机农业在国际上受到认可,其他类型的农业基本上没有相应的规范和标准。对于有机农业而言,各个国家和地区制定的标准也不同。目前,现行的绿色食品、无公害农产品和有机农产品都是按照相应的技术标准生产加工,也就是说,农产品生产需通过相关认证。除此之外,良好的农业操作规范、危害分析的关键控制点等具有农业清洁生产概念的产品生产和加工,都必须通过相应的认证。目前,有关农业生产、食品加工等的认证很多,如何界定是否属于农业清洁生产的范畴尚缺乏统一的规范和标准,因此,推行农业清洁生产还存在一定困难。

农业清洁生产必须以先进的科学技术作为依托,我国目前的技术转化率较低,仅为6%～8%,而发达国家则达到59%,这无疑极大地阻碍了清洁生产技术的推广。农业清洁生产需要的知识不仅仅是技术性的,还涉及经济、社会、生态、法律和环境保护等诸多学科。我国实施农业清洁生产的主体是农民。我国农民受教育年限普遍较低、综合性专业技术人才的缺乏导致农业清洁生产不能深入开展。我国地域辽阔,由于各地自然环境与土壤条件的差异,某一项技术在一个地方可以推行而在其他地方却不适用,同时也存在地方保护主义和技术的专利保护,这使得一些成熟的农业清洁生产技术受到限制。我国发展农业清洁生产的时间较短,目前虽然已具备一定的农业清洁生产技术和设备,但许多农业企业使用的工艺和设备都比较落后,离全面有效推行、发展农业清洁生产仍有较大差距。

5.1.4.4　投入障碍

资金是农业清洁生产发展中不可缺少的"血液",尤其在发展前期必须有较大的资金投入和基础设施建设,才能满足发展农业清洁生产的基本要求。我国目前正处在改革发展的关键时期,各方面的投入较大,用于支持农业清洁生产方面的资金有限,严重制约了农业清洁生产发展。清洁生产项目配套资金、引进清洁生产技术和设备费用、聘请专家费用等对于农业组织来说都是一笔不小的开支。加上农业企业对自觉自愿地将有限的资金投入到农业清洁生产中的积极性不高,因此,要让其真正接受甚至自发地实施农业清洁生产,前期必须加大资金投入。

5.2　农业清洁生产发展现状

5.2.1　国外农业清洁生产发展现状

欧美等发达国家对农业环境质量和农产品安全非常重视,着手实行农业清洁生产较早,并较早实施法律法规保障农产品质量安全,确定配套法律制度,实施农业清洁生产,达到合理利用资源、保护生态环境的目的。自 20 世纪 70 年代起,美国、德国、日本等国学者对农业清洁生产进行了一系列研究,渐渐形成了一整套行之有效的农业清洁生产促进体系。

5.2.1.1　美国

美国不仅是当今世界的超级大国,也是世界农业第一强国。美国从一个移民国家发展成为农业大国,除了良好的资源条件外,国家法律政策起了重要作用。

(1)以农业立法保障农业发展

在 100 多年里,美国国会通过了大量有关农业的法律,形成了比较完整的指导农业和农村发展的法律体系。各项农业法律不仅规定了政府对农业政策的基本取向,而且还规定了政府干预经济发展的基本权限,政府行为只能限定在法律规定的范围之内。

(2)政府建立有效的宏观调控体系并实行有力的资金支持

美国政府十分重视农业的基础地位,对农业采取了有力的价格保护和收入支持。美国农业的宏观调控有三个特点:一是有专司政府调控职能的机构,并建立巨大而灵活的联邦储备体系;二是有有力的资金支持,政府提供低利率信贷担保和农产品抵押贷款计划以及作物保险制度等用于支持农业生产;三是政府实行农场主自愿的农业计划,并用价格、信贷、补贴等手段予以有力的配合。

(3)重视科技的作用,形成了教育、研究、推广相结合的体系

美国政府一直把农业的教育、研究和技术推广作为自己重要的职责,形成了极有特色的"三位一体"的体系。它有效地提高了农业技术在农业发展中的作用,是美国农业发展的重要经验。

(4)发展服务型的农业合作社

农业合作社在美国的一体化农业服务体系中占有重要的地位。农业合作社提供的服务主要有:①销售和加工服务。这是沟通农场主和市场的重要渠道。②供应服务。包括销售石油产品、化肥、农药、饲料、种子、农机及其零配件等。③信贷服务。④农村电力合作社和农村电站合作社。⑤服务合作社,从事如运输、仓储、烘干、人工授精、灌溉、火灾保全、住房等。此外,它们还提供种类繁多的科技服务,如土壤测试、防疫、育种、奶牛改良、作物监测、经济核算和法律咨询等。

(5)美国气候变化行动计划

该计划主要通过与私人部门、各州和地方间创新性的合作关系,在促进经济增长的同时处理全球气候变暖的问题,是一个针对经济各部门主要温室气体的全面计划。其中农业方面的项目包括"农业星项目"和"反刍牲畜有效利用项目"。"农业星项目"着重与农民在俘获厩肥处理产生的甲烷技术上进行合作;"反刍牲畜有效利用项目"则是通过提高生产功效,降低每生产一个单元的奶和蛋所排放的温室气体。该项目的主旨在于通过改进后的草料生产技术与放牧管理,给牲畜饲养人提供更高质量的草料。项目所主张的很多改进草料生产的措施可以通过将碳作为有机物储存在土壤中,减少二氧化碳的释放。

(6)净水行动计划

农作物生产和牲畜饲养都是河流、湖泊富营养化污染和温室气体排放的重要来源。该计划涵盖了很多对温室气体排放和其他污染造成重要影响的农业污染源进行处理的措施。该计划还通过控制被污染物流出、私人土地服务激励措施和保存与保护湿地等行为为农民提供帮助。此外,美国农业局为农民提供了水土流失控制、土地生殖力管理、水管理和土地维护与恢复方面的激励措施。例如:联邦政府将贫瘠土地转化为草地、森林或湿地的项目,包括使极易水土流失的土地得到暂时休整的保留地维护项目,通过水道聚集而有效地吸收水、沉淀物和从农田流出的化学物质的保留地缓冲项目以及保存湿地项目等。

5.2.1.2　德国

德国鼓励农民发展有机农业,进行农业清洁生产以保护环境,表现为各级政府采取以下限制和保护措施。

(1)限制使用化肥、农药的措施

政府对化肥、农药的使用数量做出具体规定,植物生长调节剂是被禁止使用的,如果农民因降低了化肥、农药用量而减少了收成,政府给予一定的补助。

(2)控制地下水源污染

德国冬季多雨,从前一年 10 月 15 日到次年 1 月 15 日限制施肥。这时期是重要的水源保护时期。如果农户向政府申请环保型农业,这一时期将禁止使用化肥。政府还要求养殖场必须建立畜禽粪便处理库,以免粪便随水流失,影响地下水水源。申请参与此项保护措施的农户,经政府核实确实采取了措施,即可得到政府补助。

(3)政府政策扶持

德国和欧盟的其他国家一样对有机农业生产进行补贴,鼓励有机农业的发展。凡是从事种植业生产的,可以在政府中拿到补贴,如果参与环保项目还可以得到另一份补助。

(4)农民普遍的法律意识

在德国从事农业生产的农民必须了解六部法律:垃圾管理条例,饮用水条例,土地资源保护法,自然资源保护法,肥料使用法,种子和物种保护法。从事有机农业生产的农民还必须了解第七部法律,即植保法。

(5)种植上采用生态技术控制化肥、农药使用

如葡萄顺坡种植,整齐划一,不使用化肥,行间种植黑麦草和苕子,一方面作为养地作物,春天翻掉作为肥料;另一方面可以抑制杂草的生长而不使用除草剂。如果发生病虫害,则使用生物农药。

5.2.1.3　荷兰

针对农业生产中过量的畜禽粪便和氨气排放对环境造成的污染,荷兰政府制定了一系列农业环境政策,以促进农业清洁生产和控制、减少农业污染。荷兰政府农业环境政策的制定和实施大致分为 3 个阶段。

第一阶段是控制和稳固阶段。在此期间,政府建立了畜禽粪便生产和粪肥使用许可证机制,对生产和使用数量制定了一定的标准。凡是从事畜禽饲养业的农场和公司必须登记入册,并申请粪便排放许可。一旦粪便排放超出标准,必须交纳一定数量的罚金。同时政府还协助建立畜禽粪便的卖方和买方市场,对于剩余粪便采取统一管理、定向分流。将畜牧业发达地区过剩的粪便向需要粪肥的大田作物生产区输送,甚至出口到国外。此外,政府还积极支持建立大型粪便处理厂,集中处理过剩粪便。到 20 世纪 80 年代末,畜禽粪便对环境的污染得到有效控制。

20 世纪 90 年代初,政府开始实施第二阶段政策,逐步减少粪便的生产和使用,以达到减少粪便对环境污染的目的。在此期间,政府鼓励农户采取先进的饲养技术,改进饲料配方,改善畜禽舍条件,提高管理水平,向清洁生产方向发展。根据政府新的排放标准,相关农场

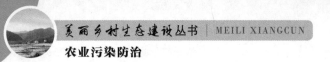

和企业积极采取措施,投资改进饲养技术,提高管理水平。除此之外,政府对畜禽生产还采取了配额制度,对畜禽存栏量进行控制,同时也有效地控制了畜禽粪便的生产和排放。

1995年,荷兰政府开始实施第三阶段,制定控制农业污染的政策。1996年制定了新的控制粪便和氨气排放政策,提出把清洁生产作为农业最终发展目标。

5.2.1.4 日本

20世纪60年代开始,日本经济进入快速发展时期,快速工业化带来了严重的环境污染和破坏,工业化学品的污染通过食物引起的人群中毒和疾病事件接连不断。当时的日本以追求经济效益为目的,农业大量使用农药和化肥,食品大多使用添加剂。经济水平提高了,而人们的生活质量和赖以生存的自然环境却受到越来越严重的威胁。日本消费者,尤其是城市消费者对农产品和食品的安全性感到焦虑,对由此产生的人体健康问题感到忧虑,他们开始寻求没有污染的食品,与此同时,这些农民也意识到农药和化肥对人类和牲畜的危害以及对土壤肥力的影响,开始尝试实践有机农业,探求农业清洁生产。日本有机农业协会就是在这种情况下成立的,它将有共同愿望的消费者和生产者联合起来,鼓励消费者和生产者互相帮助,其做法是几个或几十个家庭妇女联合起来,要求某个农民为她们生产安全的农产品。例如,她们合伙买头奶牛交给农民精心喂养,奶牛生产的牛奶由她们买下;又如她们要求农民在农作物种植过程中不要使用农药和化肥,而农民生产的农产品全部由这些消费者花高价购买。发展到后来,日本有机农业协会将这种消费与生产的关系发展成消费者与生产者之间的合作伙伴关系。在日本,有机食品绝对禁止引入基因工程技术。发达国家的消费者愿出高价钱购买有机食品主要是出于自身健康的考虑,同时也有相当一部分人认为,他们消费有机食品是在为环境保护和可持续发展做贡献。

此外,日本出台了许多有关农业清洁生产的法律,如《农业用地土壤污染防治法》《恶臭防治法》《家畜传染病预防实施细则》等,其中规定我国等9个国家的猪牛羊肉及其制品要经过指定设备加热消毒处理后才可进口。除此之外,日本的《回收条例》和《废弃物清除条件修正案》等也都在促进农业清洁生产上做出了贡献。

5.2.2 国内农业清洁生产发展现状

早在1993年我国就在理论界提出清洁生产概念,但是真正立法是在2002年6月第九届全国人民代表大会常务委员会第二十八次会议通过《中华人民共和国清洁生产促进法》,至此,"清洁生产"在我国也开始具有了法律效力,并引起政府部门及全社会的广泛重视。为了防止生态环境的进一步恶化、保护环境、关注人类健康、保证人类的生存与发展,实现"清洁生产"已成为世界各国的共同需要和实现发展的紧迫任务。专家预言,21世纪,"清洁生产"将是社会为寻求可持续发展进行生产的基本模式。相关部门和地方人民政府为清洁生产在我国的推广和实施做了大量工作,并取得了显著成效。

　　(1)不断推进完善农业清洁生产的政策及法规

　　1996 年国务院颁布了《关于环境保护若干问题的决定》,指出国家、地方和有关部门积极开展环境科学研究,大力发展环境保护产业,要重点研究节能降耗、清洁生产、污染防治、生物多样性和生态保护等重大环境科研课题,积极采用高新技术及实用技术。

　　2003 年 1 月 1 日起施行《中华人民共和国清洁生产促进法》,规定农业生产者应当科学地使用化肥、农药、农用薄膜和饲料添加剂,改进种植和养殖技术,实现农产品的优质、无害和农业生产废物的资源化,防止农业环境污染。此法对农业生产虽然只有一条原则性规定,但却是我国第一次以法律形式对农业清洁生产做出明确规范。当前,全国有 22 个省、自治区、直辖市颁布实施了《农业环境保护条例》,23 个省、自治区、直辖市出台了《无公害农产品管理办法》,近 200 个县颁布了《农业环境管理办法》,农业部组织制定的《外来物种管理条例》和《农业清洁生产管理条例》也已经进入征求意见阶段。

　　2005 年农业部关于贯彻《国务院关于建设节约型社会近期重点工作的通知》的意见中明确指出,加强对节约型农业建设的指导,结合农业农村经济发展实际,提出加强节约型农业建设,大力发展农业清洁生产,合理施肥施药,加强秸秆、沼气等生物质资源综合利用,主要是推广机械化秸秆还田技术以及秸秆气化、固化成型、发电、养畜技术;研究提出农户秸秆综合利用补偿政策,开展秸秆和粪便还田的农田保育示范工程。开发风、光、水等农村可再生能源,对于改善农村生态环境、促进农村循环经济发展、推进社会主义新农村建设具有十分重要的现实意义。

　　2009 年 1 月 1 日开始实施的《中华人民共和国循环经济促进法》中指出:“循环经济就是在生产、流通和消费等过程中进行的减量化、再利用、资源化活动的总称。”这里所指的“生产、流通和消费等过程”,当然包括农业的生产、流通和消费等。此法从基本管理制度、实施方式、激励措施和法律责任等几个方面对循环经济做了原则规定。而且,第二十四条、第三十四条都对推进农业循环经济做了具体阐述,提出国家鼓励和支持农业生产者和相关企业采用先进或者适用技术,对农作物秸秆、畜禽粪便、农产品加工业副产品、废弃农用薄膜等进行综合利用,开发利用沼气等生物质能源,对农业清洁生产的实施和推进具有重大意义。

　　2010 年 10 月颁布的“十二五”规划在“推进农业现代化,加快社会主义新农村建设”中明确指出,加快发展现代农业,推进现代农业示范区建设;发展节水农业,推广清洁环保生产方式,治理农业面源污染;按照推进城乡经济社会发展一体化的要求,搞好社会主义新农村建设规划,加快改善农村生产生活条件,加强农村基础设施建设和公共服务,实施农村清洁工程,开展农村环境综合整治。

　　2011 年 11 月,农业部印发《关于加快推进农业清洁生产的意见》,进一步增强推进农业清洁生产的责任感和紧迫感、加强农产品产地污染源头预防、推进农业生产过程清洁化、加大农业面源污染治理力度。

农业部《关于做好2012年农业农村经济工作的意见》中指出，强化农业生态环境建设，推进农村沼气建设，支持发展农户用沼气、养殖小区和联户沼气、大中型沼气、乡村服务网点等。编制沼肥综合利用规划，启动秸秆综合利用等重点工程和项目，加快农村废弃物的能源化、资源化利用。继续实施农村清洁工程，开展农业清洁生产示范工作，加快农业面源污染治理。

2012年，中共中央、国务院《关于加快推进农业科技创新持续增强农产品供给保障能力的若干意见》指出，搞好生态建设，把农村环境整治作为环保工作的重点，完善以奖促治政策，逐步推行城乡同治。推进农业清洁生产，引导农民合理使用化肥农药，加强农村沼气工程和小水电代燃料生态保护工程建设，加快农业面源污染治理和农村污水、垃圾处理，改善农村人居环境。

2012年8月，国务院印发节能减排"十二五"规划，推进农村生态示范建设标准化、规范化、制度化。因地制宜建设农村生活污水处理设施，分散居住地区采用低能耗小型分散式污水处理方式，人口密集、污水排放相对集中的地区采用集中处理方式。实施农村清洁工程，开展农村环境综合整治，推行农业清洁生产，鼓励生活垃圾分类收集和就地减量无害化处理。推广测土配方施肥，发展有机肥采集利用技术，减少不合理的化肥施用。推进畜禽清洁养殖。结合土地消纳能力，推进畜禽养殖适度规模化，合理优化养殖布局，鼓励采取种养结合养殖方式。以规模化养殖场和养殖小区为重点，因地制宜推行干清粪收集方法，养殖场区实施雨污分流，发展废物循环利用，鼓励粪污、沼渣等废弃物发酵生产有机肥料。在散养密集区推行粪污集中处理。促进经济发展方式转变，增强持续发展能力。建设资源节约型、环境友好型社会。

2013年6月，《国家发展改革委贯彻落实主体功能区战略 推进主体功能区建设若干政策的意见》中提出，鼓励发展农业循环经济，支持农产品主产区实施资源综合利用重点工程，加强农业清洁生产和农作物秸秆等废弃物综合利用，控制农业领域温室气体排放。

（2）积极推进农业清洁生产和节能减排

20世纪80年代以来，我国在推进资源节约综合利用、推行清洁生产、预防污染物产生和排放方面取得积极进展，主要体现在以下几个方面。

1）资源节约方面。

20世纪70年代末的第二次石油危机对世界经济产生了很大影响，基于此，我国首次提出节约使用能源。随着改革开放政策的实施，重要资源短缺制约着经济快速发展和人民生活水平的提高。20世纪80年代初，国家制定了一系列促进企业节能、节材的法规、标准和管理制度，提出"资源开发与节约并重，把节约放在首位"的发展战略。随着20世纪90年代末《中华人民共和国节约能源法》的颁布，更是加大了以节约降耗为主要内容的结构调整和技术改造力度，开发推广先进适用的资源节约综合利用技术、工艺和设备等，资源利用效率有较大提高。

2)清洁生产方面。

从生产的源头和全过程充分利用资源,使每个企业在生产过程中废物最小化、资源化、无害化;研究建立生产者责任延伸制度,从产品设计开始到废弃产品的回收和处理处置,由生产者承担责任,实行污染产品押金或保证金制度。我国从 20 世纪 90 年代初开始推行清洁生产,通过采取改进设计、使用清洁的能源和原料、采用先进的工艺技术和设备、改善管理等措施来提高资源利用率,减少或避免污染物的产生。2003 年 1 月 1 日起正式实施的《中华人民共和国清洁生产促进法》标志着我国进入依法推行和实施清洁生产的新阶段。

3)资源化利用方面。

一是产业废弃物的综合利用。1996 年国务院批准国家经贸委等部门《关于进一步开展资源综合利用的意见》,将资源综合利用确定为国民经济和社会发展中一项长远的战略方针。原国家经贸委制定了《当前国家重点鼓励发展的产业、产品和技术目录》,并联合相关部门发布了税收减免优惠政策。二是废旧物资回收利用。到 2003 年,全国有各类废旧物资回收企业 5000 多家,回收网点 16 万个,回收加工企业 3000 多个,从业人员 140 多万人,在发展调整中形成了一个遍布全国的废旧物资回收加工网络。三是循环利用和"再制造"。无论生产领域还是消费领域,我国都有从事机械、电器等产品的维修队伍。近年来,一些企业开展了包装物,如玻璃容器、纸箱、周转箱的回收和循环利用,并开始实践报废汽车发动机、废旧机电产品等的再制造,以延长产品的使用寿命。

4)无害化处理方面。

近年来,采取的主要措施有:调整产业结构,解决结构性污染,依法淘汰了一批技术落后、污染严重、治理无望的生产工艺、设备和企业,减轻了工业污染负荷;调整能源结构,减少煤炭在能源结构中的比重,提高煤炭的利用效率,推广洁净煤技术;大力发展水电,积极开发可再生能源;严格控制新污染和生态破坏,对所有建设项目实行环境影响评价制度,努力做到增产不增污、增产减污;大力推行清洁生产,开展环境审核,鼓励和引导企业实行 ISO 14000 环境管理体系认证,一批城市调整了规划布局,加快了城市污水和垃圾处理等环境基础设施的建设,治理了城市生活污染。

(3)发展农业清洁生产示范区建设

为贯彻落实《中华人民共和国清洁生产促进法》,切实推进农业清洁生产,促进农业农村经济可持续发展,国家发展改革委、财政部、农业部于 2013 年 1 月联合发布了《关于开展2013 年农业清洁生产示范项目建设的通知》(以下简称《通知》)。《通知》明确,2013 年选择新疆、甘肃、河北、内蒙古、辽宁、吉林、黑龙江、山东、河南、陕西 10 个地膜使用面广、残留量大的省份,以市县为单位开展地膜科学使用示范建设,同时加强农业清洁生产能力建设。《通知》指出,地膜科学使用示范市县建设的主要内容包括:①推进生产过程清洁化。采取政府引导、企业带动、市场运作的方式,推广应用厚度 0.008mm 以上的地膜;示范推广膜下滴灌技术,实现节水节肥。②减少农产品产地地膜残留。以市县为单位,通过加强管理和政策激励,鼓励农产品产地残留地膜的收集,减少地膜残留、维护土壤环境安全;合理布局建设废旧地膜加工站(点),包括厂房、库房以及粉碎机械、风选设备、造粒机械等设备;以乡村为单位,建设废旧地膜收集储存点,包括清洗、储存、消防等设施。③加强能力建设。支持农业清洁生产示范市县管理和技术服务能力建设,用于项目组织、人员培训、技术指导、质量监督和检查验收,不得用于人员工资、补贴、购置交通工具和楼堂馆所建设等。

5.2.3 国内外农业清洁生产主要实践

5.2.3.1 国外农业清洁生产实践

20世纪70年代,美国提出了危害分析与关键控制点(Hazard Analysis Critical Control Point,HACCP)体系。虽然该体系的建立起初主要是规范水产品的安全生产,但对除农业水产品外的农业种植业生产也有着重要的影响。1972年美国颁布《清洁水法》,并在其中提出了著名的最大日负荷量计划(Total Maximun Daily Load,TMDL);同年,修订后的《联邦水污染控制法》明确提出并强调防控非点源污染。1977年美国颁布《土壤和水质保护法》,对水土质量与保护提出了原则性要求,并由美国农业部和环境保护署联合推出并实施非点源污染修复计划,有7个州参与到该项目综合示范行动中,积极推进农场主采纳农田最佳管理方式,关注最佳管理方式对水质的影响。在20世纪80年代初期,美国农业部在21个州资助7000万美元,用10年时间推行农村清洁水试验计划,所有被资助州的农区都采纳农田最佳管理实践,但10年试验效果表明,试验区流域水质养分水平并没有明显减少,表明这项工作取得成效需要更长的时间,特别是要从投入方面减量,也要知晓农田初始的养分浓度。到20世纪80年代末,美国国会将关注重点转移到由农用化学品使用所导致的地下水污染,并于1989年2月提出水质改善与保护计刻,指导原则是保护国家地下水免遭肥料和杀虫剂的污染并不危及农业经济活动,在农业上立即控制污染并改变农业生产方式,农民最大的责任就是要改变生产方式以防污染地下水和地表水。由此,美国农业部整合美国地质调查署、美国环保署、美国国家海洋与大气管理局的责任,结合地方、州与联邦政府的共同投入,联合开展生物的、物理的和化学的研究探讨作物生产中化学品的管理,研发并示范替代农作物制度,培训并支持农民采纳合理的农作物生产方式,监督改善后的管理方式与制度的实施。该项计划于1990年正式发布实施,农业部每年获得8000万美元的专项资助推行这个项目。此外,美国农业部还独立开展保护储备计划(Conservation Reserve Program,CRP),休耕1416万公顷易于发生土壤流失的农田,其中,1133万公顷用于发展草地,81万公顷植树,202万公顷转变为防风隔离带或野生动植物栖息地或湿地,由此每年可减少210万t的沉降泥沙、66%的磷负荷和75%的氮负荷。20世纪90年代还设立环境质量激励计划(Environmental Quality Incentive Program,EQIP),并于2002年修订并实施,侧重于对正在使用的耕地和牧场等生态环境的保护与改善项目。除了通过资金共享、租赁支付补贴农户外,还通过激励支付政策引导农户去采纳保护性耕作实践减少水污染。美国环保署、农业部及食品药物管理署也联合推出农药环境管理计划(Pesticide Environmental Stewardship Program, PESP),目的是使用生物性的农药及其他比传统化学方法更安全的防虫技术以及推进农田实施综合害虫防治((Integrated Pest Managemen,IPM)计划。

在欧洲,欧盟国家从 20 世纪 80 年代末也开始提倡自愿性伙伴合作计划,通过农业技术与支持政策相结合的方式推行 GFP(Good Farming Practices)/CP(Cleaner Production)清洁生产实践。2003 年,以欧盟共同政策改革为契机,欧盟委员会提出并实施农业与环境交叉配合(Cross-Compliance,CC)协议,以有条件的直补形式鼓励农民采取环境友善、维持地力的耕作方式来保障各种环境、食物安全或动物健康和福祉,并出台了农业生态环境的最低标准指标体系,以此作为指导欧盟成员国进行农业生态环境补贴的纲领性文件,同时构建确保农业生态环境标准指标体系实施的激励机制与惩罚措施,要求各成员国在 2007 年必须建立农场咨询体系(Farm Advisory System,FAS),向农民提供生产过程中有关标准和良好操作规范的咨询服务,帮助农场主更好地履行环境、食品安全、动植物卫生和动物福利等法定经营要求以及保持良好的农业与环境经营条件。具体到欧盟各个国家,除了执行欧盟法令外,围绕农业面源污染控制还有各自的规章政策。德国联邦政府农业部在欧盟和各州政府的投资外,每年以农业绿箱政策形式拿出近 40 亿欧元,占其财政年度政府预算总额的 66%,用于支持其农业环境政策、限定性和推荐性农业生产技术标准的落实。英国政府于 2005 年 4 月首次对农民保护环境性经营实行补贴。

日本农林水产省于 1992 年在其发布的"新的食物、农业、农村政策方向"(通称"新政策")中,首次提出了"环境保全型农业"的概念,开始致力于"环境保全型"农业的推广。随着"环境保全型"农业的提出,一系列促进环保型农业的法律也相继出台,如《食物、农业、农村基本法》《可持续农业法》《堆肥品质管理法》《食品废弃物循环利用法》等。日本农业清洁生产实践主要包括日本的"有机农业运动"、绿色农业、开发低害农药、对受污染土地实施排土、添土、转换水源等治理污染改良活动、开发农业环保技术,推广典型并由各县级政府自创品牌。如在一些地方进行水稻栽培农民及肉牛养殖农民间的合作计划,推行青贮稻草生产,以青贮稻草作为肉牛饲料来避免外来病原菌(进口饲料)的侵入影响畜牧业发展,由饲料之清洁栽培进而生产健康畜产品。另外,还推广废弃物循环利用技术,将农产品处理过后的残余部分加以回收利用,包含堆肥制造、蔬菜处理残余部分发酵生产 3 种液态肥、堆肥以及生产甲烷为生产生活提供能源;推行精准农业技术 50% 的施肥量及施药量,实施可追溯的品牌生产管理。产品附加讯息、源自田间的讯息等以获得消费者及居住者的信任。在病虫害防治方面则着力于栽培、操作方式增加作物抗性。2006 年,日本启动食品中残留农业化学品肯定列表制度,其严格标准令许多日本农户不得不采取清洁生产;而 2006 年 12 月以促进和普及有机农业为目的的《有机农业促进法》颁布实施,随后为落实该法制定的《促进有机农业发展基本方针》于 2007 年出台,确立了有机农业技术体系并建立财政补贴与资金援助体系,通过对有机农户的直接补偿,以减轻环保型农户生产成本。

5.2.3.2　国内农业清洁生产实践

与发达国家相比,我国在循环农业、有机农业、绿色无公害农业和生态农业尤其是农业清洁生产实践方面起步虽晚但发展迅速。到 2006 年底,获得绿色食品认证的产品达 12868 种(来自 4615 个企业),而在 2000 年底仅有 4030 种(来自 2047 个企业)。截至 2000 年底,有 24% 的中国可耕地用于种植获得无公害认证的农产品。与此同时,我国政府也制定、颁布并实施了一系列的规章、标准、试行办法,如《无公害农产品管理办法》《无公害农产品产地认定程序》《无公害农产品认证程序》《绿色食品 A、AA 级标准》《有机产品认证管理办法》《有机产品认证实施规则》《有机食品的技术标准》等,涉及蔬菜、水果、畜禽类、水产品 4 类农产品,"安全要求"和"产地环境要求"等 8 项国家标准,但从我国农业清洁生产的认识高度去推动这些实践只是近几年的事情。因此,我国农业清洁生产的发展晚于工业清洁生产,这与国家对工业环保的重视和国际大背景紧密相关。不过,2002 年 6 月全国人大批准实施的《中华人民共和国清洁生产促进法》对农业清洁生产的基本规定不仅确立了农业清洁生产的法律地位,而且为我国农业清洁生产的发展、实践与研究起到积极的指引和推动作用。2014 年 1 月为深入贯彻中央农村工作会议和 2014 年"中央 1 号文件"精神,提出《关于切实做好 2014 年农业农村经济工作的意见》,指出积极推进农业清洁生产。加快推广科学施肥、安全用药、绿色防控、农田节水等清洁生产技术,深入实施测土配方施肥补贴项目,引导农民施用配方肥。启动高效缓释肥补贴试点,开展低毒低残留农药补贴试点。继续推进保护性耕作和农作物秸秆综合利用,在东北平原、华北平原和黄淮平原适宜区域组织实施深松整地试点。

目前,我国农业清洁生产的实践与探索主要集中在以下两个方面:

一是在农业清洁生产支撑理论、标准、管理体系研究方面。有关学者借助农业可持续发展、农业生态学、农业经济学等理论开展了农业清洁生产支撑理论研究。他们认为农业清洁生产是一种高效益的生产方式,既能预防农业污染,又能降低农业生产成本,符合农业可持续发展战略。从农业清洁生产中存在的信息不对称问题展开经济学分析,理性的生产者或销售者不愿提供高质量清洁农产品,造成清洁农产品供给不足;而且理性的消费者处于信息劣势地位,其现实需求易产生农产品市场的"逆淘汰"问题。建立农业生产与环境管理有机结合的农业清洁生产环境管理体系和根据农业清洁生产的内涵特征与环境标准设置相应指标,包括产地环境、投入品、耕作制度及种植方式、农艺和农机、自然资源利用、废弃物循环利用、农产品安全和环境管理 8 类,前 7 类指标是技术性指标,体现以技术手段促进农业清洁生产的要求,后一类指标是管理性指标,体现以管理手段促进农业清洁生产的要求,包括农业环境管理制度、农业环境法律法规、固体废物处置和生产工艺管理等。也可将农业清洁生

产评价指标体系分为两个层次。其中,农业生产指标、经济指标和管理指标构成指标体系第
一层,而将有机复合肥使用率、秸秆综合利用率、农用化学品使用量、地膜回收处理率、节水
技术使用率、万元 GDP 水耗与万元 GDP 综合能耗、财政收入增加程度与人均 GDP、实施农
业清洁生产优惠政策、农业清洁生产知识与技能培训和信息网络建立作为其第二层次。

二是在农业清洁生产技术体系构成方面。有关学者认为我国推行农业清洁生产重在加
强农业清洁生产关键技术体系的引进与研发,并积极进行技术综合集成与试验示范研究。
农业清洁生产技术支撑体系包括农业生态工程、合理肥料投入与施肥技术、无公害农药施用
技术与农业废弃物资源化再生技术。以标准化生产技术、农产品质量安全监测技术、农业投
入品替代及农业资源高效利用技术、产地环境修复和地力恢复技术、农业废弃物资源化及清
洁化生产链接技术、农业信息技术等为主要内容的农业清洁生产技术体系。

5.3 实施农业清洁生产的技术措施及途径

5.3.1 实施农业清洁生产的技术措施

5.3.1.1 农业清洁生产的知识和技术培训体系

农业清洁生产是农业发展的一种新模式,应贯穿于农业生产的全过程。因此,必须加强
宣传和培训,改变传统的生产观念,通过多种途径提高农业生产人员的文化和科学技术水
平。要加强管理,将工业企业清洁生产中成功的管理经验结合农业生产本身的特点引用到
农业清洁生产过程;要加强政府的宏观调控功能,对经济技术上可行的清洁生产技术加以大
力推广;要建立食物安全预警体系,制定配套的食物安全标准,确保人们食物的安全供应;同
时,也要注重国际交流与合作,学习发达国家在农业清洁生产方面的成功经验。

5.3.1.2 农业投入品的生产与使用技术体系

(1)肥料(化肥)的生产与施用

1)当前我国肥料生产与使用中存在的主要问题有以下方面。

①化肥氮、磷、钾比例失调,钾明显偏低。

②化肥、有机肥比例不协调。化肥大量施用,有机肥则越来越少施用。尤其是在经济发
达地区,单施、滥施化肥的现象严重。

③化肥品种结构不尽合理。其中氮肥主要是碳铵(50%),含氮量低(17%),又易挥发损
失,应提高尿素的比例;磷肥主要是低浓度的普通过磷酸钙和钙镁磷肥,应积极发展高浓度
的磷酸铵、重过磷酸钙和硝酸磷肥;钾肥主要依靠进口,国产钾肥主要是氯化钾,硫酸钾和硝
酸钾极少;复合(混)肥的比例也很少,只占肥料用量的 10% 左右,而发达国家高达
60%～80%。

④化肥当季利用率低(氮为 30%～35%,磷为 10%～20%,钾为 35%～50%),氮、磷损

失严重。

2)显然,解决这些问题的关键是如何提高化肥的利用率,以达到农业清洁生产的目的:

①加强研制和生产各种对环境温和的新剂型肥料(绿色肥料),如多元无机复合肥、作物专用复合肥、有机无机复合肥、缓释肥料、微生物肥料等,尤其要研制和生产一种能根据作物不同生长期的需求来调控肥料中养分的释放和供应,使其与作物生长的营养需求同步的新型控释肥料,使作物"饿了能吃饱、吃饱了不浪费"。

②在新剂型的绿色肥料尚未研制成功或尚未能广泛使用之前,对现有化肥品种的施用尤其要注意施肥技术的改进。应大力推行配方施肥、测土施肥、诊断施肥(通过计算机土壤诊断系统进行土壤分析,以确定施肥量、施肥时间和施肥方式)等平衡配套施肥技术;试验和推广卫星地理定位施肥技术;由化肥浅施技术改为深施技术,并根据化肥剂型的特征来确定是采用分期多次性的施肥技术还是一次性的施肥技术,同时施用硝化抑制剂、脲酶抑制剂;多施用有机肥,将有机肥与化肥配合施用。

③肥料的施用应与其他农业措施相结合,如修筑堤坝、科学种植、合理灌溉等措施均有利于减少肥料流失,提高肥料利用率。

(2)农药的生产、使用与有害物的综合防治

为了避免农药对环境的污染和人畜的危害,研制和使用对环境温和的绿色农药应该是21世纪农药发展的主流。同时,有害物的综合防治将更加深入人心并得到全面展开。

1)化学农药应向高效、高纯度、低毒(对非靶标生物的毒性低、影响小)、低残留(在动植物体内和环境中易分解)、多样化作用机制和缓释的化合物及其剂型方向发展。

2)由生物发掘和细菌发酵工程开发的对环境更温和的生物农药的生产和使用,应逐渐取代化学农药,但这一转化过程可能还需要相当长的时期。

3)农药概念的内涵和外延应当发生变化,以杀死有害个体达到防治目的的传统观念和农药剂型将逐渐淡化,转而强调对有害生物的生长发育和繁殖过程的影响、控制和调节,研制和推广使用非杀生性农药,如昆虫生长调节剂、昆虫性引诱剂、害虫驱避剂等,使有害生物得到较好的抑制,而有益生物得到有效保护,以维持良好的生态平衡。

4)在农药使用上,科学的施药技术应受到高度重视。由农药剂型、施药方法、施药机械、作物种类、耕作方式紧密结合在一起的施药技术应成为研究和推广的重点。

5)基因工程技术对农药的应用提出新的挑战,包括作物的转基因抗虫策略、害虫的转基因遗传防治策略和天敌的转基因增效策略。

6)种植有害物抗性的作物、利用自然天敌和加强栽培管理(混作、轮作、作物残渣清除等管理)开发生态综合防治技术。

(3)地膜的生产与使用

为了解决农用地膜对农业环境的污染问题,要加强研制和推广使用对环境温和的可降解地膜,其降解和灰化后的产物对环境和农产品无害。可降解地膜按其合成或降解的方法,

可分为生物可降解地膜、光可降解地膜和光、生物双降解地膜三类。20 世纪 80 年代以来,欧美国家(英国、德国、意大利、芬兰、美国、加拿大等)、日本、以色列以及我国都在积极研制和生产各种不同的可降解塑料,取得了可喜的进展。但是,由于目前可降解地膜的可控性不强,质量欠佳,成本偏高,因而在大田生产上还没有大面积的推广使用。国内目前尚未有统一的评价试验方法和标准,田间试验和实际应用时间较短,地膜分解产物的环境安全性尚未完全确认。因此,要生产出完全符合农业生产和环保要求的可降解地膜尚需进一步研究和探索。

目前,为了防止更严重的"白色污染",应注意对废旧地膜的回收处理。有人探索了一条易于回收,能防止残膜污染的技术措施,即适期揭膜回收技术。其实质是从农艺措施入手,将传统的作物收获后揭膜改为收获前揭膜,筛选出作物的最佳揭膜期,即适期揭膜。适期揭膜回收技术既能提高作物产量,又能提高地膜的回收率,防止地膜污染。

5.3.1.3 畜牧业污染的预防与防治体系

1)提倡畜牧业回归农村,与种植业相结合。畜禽粪便回归土地,利用土壤的自然净化能力实现对废弃物的净化,同时以农养牧,以牧养农,真正实现畜牧生产的生态平衡。

2)科学生产配合饲料,开发"生态营养饲料配方",提高畜禽对营养物质的利用率,从而减轻环境污染。

3)在饲料中添加酶制剂、酸制剂、抗生素、微生物制剂、激素制剂和丝兰属植物提取物等,能够更好地维持肠道菌群的平衡或提高有机物的消化率。另外,有些中草药饲料添加剂,如艾叶、大蒜、秸秆、苍术等,不仅能促进畜禽生长发育,而且还能提高畜禽对饲料的利用率,提高生产性能,它们为取代部分抗生素、化学合成药物、微量元素饲料添加剂提供了新途径。

4)加强对畜禽粪便的处理及综合利用。畜禽粪便为优质的有机肥,有利于改良土壤,利用畜禽粪便可以制作颗粒肥、花肥等商品肥,还可以用作食用菌的培养基料;生产沼气是畜禽粪便利用最为普遍的一个方面,可以开辟能源,改善环境;将鸡粪、鸭粪发酵处理后可作猪饲料,用猪粪喂鱼、喂牛、喂羊效果也很好;用作燃料,如牛粪晒干后可以直接燃烧煮饭,是牧民们的燃料来源之一。

5.3.1.4 标准化生产技术体系

农业标准主要包括农产品品质、产地环境、生产技术规范和产品质量安全标准。农业标准化生产技术体系主要包括:建立以优势(特色)农产品"生产技术规程""安全限量标准"为重点的农业标准或技术规范,主要包括产地环境、灌溉、施肥、用药、制种、采收、储运、加工等农产品产前、产中、产后各环节的标准化技术;建立农产品基地标准,主要是粮食、蔬菜、畜产品、水果、水产品、茶叶 6 大类农产品产地环境、生产技术规范和产品质量安全标准;建立为制定上述标准和行政执法提供依据的技术标准,主要包括转基因农产品安全评价标准、农产品质量安全风险评估标准、农业投入品安全性评价标准、农业资源保护与利用标准等。

5.3.1.5 农产品质量安全监测体系

农产品质量安全监测内容包括水、土、气等产地环境,种子质量,农药、肥料、动植物生长调节剂、兽药、饲料及其添加剂等农业投入品和农畜产品等。其监测技术体系主要包括:完善农产品农药残留、兽药残留以及各类有毒有害物质的检测分析方法;建立农产品安全监控急需的有关限量标准中对应的农药、兽药、重要有机污染物、食品添加剂、饲料添加剂与违禁化学品、生物毒素、重要人畜共患疾病原体和植物病原的快速检测技术和相关设备,特别是快速、简便、实用、高效的农产品检测检验设备和技术;土壤农药残留等监测技术;种子、种苗、种畜质量检验、监测技术;转基因食品的检测技术。

5.3.1.6 农业资源高效利用技术体系

农业资源高效利用,以节水、节肥、节药、节地和节能为重点。该项技术体系包括:适用于大田、温室大棚、园林生产的低成本和智能型节水灌溉关键技术及设备,多功能、实用型中小型抗旱节水机具,高效环保节水生化制剂(保水剂、抗旱剂、植物蒸腾抑制剂、抗旱种衣剂等)等新产品开发技术;提高农灌水的循环利用技术;快速、准确、简单的测土配方施肥技术,低容量施药、烟尘施药、静电喷雾技术,超低量高效药械等先进技术;低耗能的农机设备的研制技术;提高土地利用率和有效防治病虫害发生的新型耕作制度和保护性耕作技术。

5.3.1.7 产地环境修复和地力恢复技术

(1)产地环境修复技术

1)建立农产品产地环境监测与评价制度,结合无公害农产品、绿色食品、有机农产品产地认定等对农产品产地环境进行统一评价,划定无公害农产品、绿色食品、有机农产品适宜生产区和限制生产区。

2)研制土壤障碍因子诊断和矫治技术;研制污染土壤的植物修复、生物修复、化学修复、物理修复技术以及制定污染土壤修复标准。

(2)产地环境地力恢复技术

耕地地力恢复主要以培育肥沃、健康土壤,提供优质、高效肥料,营造安全、洁净环境为核心,以建设高质量标准农田为重点,研制全面提升耕地质量、提高耕地综合生产力的技术。

1)制定耕地分区、分类的评价方法。根据耕地资源的不同性状、主要障碍类型、生态环境条件、改良利用途径等特点,将耕地分为耕地质量稳定巩固区、新垦复垦土壤培肥区、设施农业土壤障碍治理区、土壤污染防治修复区等不同的区域类型。

2)建立合理的种植结构、优化用肥结构的综合技术。加强土肥新技术、新产品的试验和示范,因地制宜推广多种秸秆还田实用技术和商品有机肥,示范推广果肥结合和粮肥结合等生态种植模式,增加耕地有机肥投入,实现有限土壤资源的永续利用。通过控制和治理酸化、盐碱化等土壤障碍,提高土壤的适种性和安全性。

5.3.1.8　农业废弃物资源化及其清洁生产链接技术

农业废弃物包括农业秸秆、畜禽粪便、废弃地膜以及农产品加工废弃物等根据减量化、无害化、资源化的原则,围绕主导产业废弃物资源化的关键技术和适用技术的集成开发,加强农业产业循环链链接思路、途径与模式的整合,通过接口技术,将系统内各部分产生的废弃物衔接成良性循环的整体,加快系统的物质循环和能量的多级传递。

农业清洁生产链接技术包括研制以常规资源环境为代价的农产品加工主导产业的生态化改造技术,实现"整体、协调、循环再生"模式;对于畜禽养殖中的污染,主要建立农牧、林牧、渔牧结合的畜禽清洁化养殖模式。目前,可整合的生态链接技术模式有种植业、畜禽养殖和沼气池配套组合的平原生态农业园,即以鱼塘为中心,周边种植花卉、蔬菜、水果的生态农业园;动植物共育和混养的生态农业园,即以山林为基地、种养结合的山区生态农业园。这些模式既有各自相对独立的循环系统,又通过各种渠道向外延伸,同整个社会经济紧密连接,构成更大的循环圈。

5.3.1.9　农业信息技术

农业生产涉及的因素复杂,且时空差异和变异性大,病虫灾害频繁,生产稳定性和可控程度差,因此对信息技术的依赖性较强,农业信息技术主要包括农业信息网络、农业专家系统和农业遥感技术等。农业信息技术贯穿于农业生产、经营及管理的全过程,是现代农业的重要支撑和标志。

1)建立农业资源环境信息库和网络体系,对土地、品种、化肥、农药等农业资源实施管理和利用。在对全省耕地质量状况的全面调查、评价和分等定级的基础上,建立数字化、动态化的土壤信息管理系统,采取针对性的土壤治理、改良、培肥综合配套措施,实现对耕地资源的科学利用和管理。

2)开发农业信息应用软件。例如,农业专家决策支持系统,开发用于农作物育种栽培、施肥和灌溉、病虫害防治、田间管理和管理经营等专家系统;建立以主要畜禽、水产为对象的生产全程管理系统和实用技术系统;利用地理信息系统软件,分析并建立土壤肥力、水土流失、环境污染、病虫害动态、生态和生物系统等模型。

3)建立符合我国国情的精准农业应用技术,即"3S"的应用技术基于全球卫星定位系统和利用计算机控制定位,精确定量,从而极大地提高种子、化肥、农药等农业资源的利用率,提高农业产量,减少环境污染。

5.3.2　农业清洁生产运行模式构建

构建农业清洁生产运行模式,要充分发挥本地自然条件、资源条件和经济条件等优势,解决农业清洁生产的约束和限制条件,在农业生产全过程中使用清洁的农业生产资料以及农艺和养殖措施,种养结合,节约资源,实现农业废物的内部循环,减少农业污染的产生,实现农业清洁生产,从而实现经济、环境、社会效益最大化。农业清洁生产系统一般由输入系统、生产系统和输出系统3个部分组成。

5.3.2.1 输入系统的清洁生产运行模式

农业清洁生产运行模式的输入系统包括能量、物质和信息输入3个子系统。农业清洁生产要求能量子系统输入高效、清洁的能源,采用可再生能源和新能源,包括充分利用风能、太阳能等清洁能源,同时对常规的能源进行清洁化利用。农业清洁生产要求物质子系统输入高效、低毒、低残留的农药;增加有机肥的施用比例,输入高效、可控的复合肥;输入抗老化或可降解的地膜;对于农机具,要求环保、高效;输入配合饲料,合理增加秸秆饲料的比例;水资源的输入要求在输送过程中减少蒸发、渗漏损失等。农业清洁生产要求信息子系统输入农业气象资料以及各种农业资源、经济信息,为农业清洁生产结构、种植及养殖品种、农艺措施和养殖技术提供依据。

5.3.2.2 生产系统的清洁生产运行模式

农业清洁生产运行模式的生产系统包括种植业、养殖业、农副产品加工和居民生活4个子系统。农业清洁生产所要达到的目标是通过对农业资源的综合利用以及节水、节能、高土地利用效率等实现合理利用资源,使有限的农业资源效益最大化。同时,在农业生产中,减少或者消除废弃物和污染物的产生,促进农产品生产及消费与环境协调,减少农产品在整个生命周期内对环境和人类的危害。

在种植业子系统内部,可以通过采用精量播种和合理密植的措施以减少种子的使用量,同时,使投入的农业资源和农业生产资料的利用效率最大化,减少浪费。运用各种农艺防控技术降低病虫害的危害。秸秆还田技术,使废弃物在种植业子系统内部得到有效利用,扩大绿肥种植面积,改善土壤结构,采用配方施肥技术,提高化肥的利用率,以达到减少化肥的流失量,降低化肥的使用量。采用节水灌溉技术,提高水资源的利用效率。使用抗老化地膜,采用适时揭膜技术,以提高地膜的回收率,杜绝地膜对土地的污染。在耕地过程中,结合秸秆回收和地膜回收,减少农业废弃物对农业环境的危害。

在养殖业子系统内部,可以通过对处理后的污水进行循环使用,以减少养殖新鲜水的用量,加强畜禽日常管理,防治病害的发生,减少兽药的使用,还可通过粪便发酵制沼气,解决养殖过程的部分用能;通过合理喂养,提高饲料的利用效率,以减少粪便和臭气的产生量;采用先进的清粪方式以减少污水的处理负荷。

在农副产品加工和居民生活子系统内部,主要是各种废物的资源化利用。如中水回用于加工业或用于厂区绿化和污水灌溉等。

各子系统之间也进行着物质、能量交换。种植业子系统的农产品可输入农副产品加工子系统以及居民生活子系统,秸秆可作为饲料输入养殖业子系统;养殖业子系统的畜禽产品可输入农副产品加工子系统和居民生活子系统,粪便可作为有机肥进入种植业子系统。同时,高附加值产品作为种植业和畜禽养殖业子系统生产链的延伸,可进入消费领域;系统中的污水可处理后用作灌溉用水,或作为下脚料制成肥料而进入种植业子系统;农产品加工后的饼粕、谷壳以及一些高蛋白物质可作为饲料输入养殖业子系统。居民生活子系统则为其他子系统提供必要的劳动资源。

5.3.2.3　输出系统的清洁生产运行模式

农业清洁生产运行模式的输出系统包括能量、物质和信息输出 3 个子系统。

能量输出子系统输出的能量主要储存在农产品及其废弃物中,而输出生产系统则进入流通领域或者回转进入生产系统。

物质输出子系统主要输出产品和废弃物,通过输入系统和生产系统的清洁生产运行,废弃物的量已大为减少,危害显著降低,可用末端处置方式进行处置;产品的品质、质量、产量、价值以及市场竞争力明显提高,进入消费领域。

信息输出子系统对生产系统输出的各种信息进行处理,并反馈进入生产系统,为系统的清洁生产改进提供可靠的依据。

5.3.3　农业清洁生产的支撑保障

5.3.3.1　强化意识,构建农业清洁生产宣传体系及法律体系

通过宣传和教育,使公众树立农业清洁生产的意识,了解并掌握农业清洁生产的法规、知识、技术和技能,并在实践中努力践行。充分利用科技下乡、广播、电视、宣传标语、宣传车、黑板报等多种传播媒介,进行农业清洁生产知识的宣传和技术普及,使公众树立农业清洁生产意识,了解并掌握农业清洁生产的法规、知识、技术和技能。建立健全农业清洁生产法律、法规、标准和技术规范在内的法律体系,内容涵盖农村环境保护、土壤污染防治、畜禽养殖和水产养殖环境管理、农业环境监测、评价的标准和方法,并使各项农业清洁生产的法律法规在内容上能够协调统一,程序上能相互支撑,效力上能发挥法制的合力,真正做到有法可依、责权清晰,有效防治种植业、养殖业和农村工业的污染。

5.3.3.2　推进创新,构建农业清洁生产投入和技术体系

在农业税收制度创新方面,要继续推进农村税费改革,进一步减轻农民负担,建立新型的税收制度,为农业清洁生产健康发展保驾护航。在农村金融制度创新方面,要改革和调整国家财政分配制度,使之向农业和农村倾斜,增加农业和农村的投入。各级人民政府要依法安排并落实对农业和农村的预算支出,严格执行预算制度,建立健全财政专项(支持农业)资

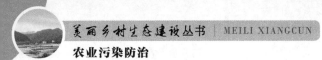

金的稳定增长机制。积极运用税收、贴息补助等多种经济杠杆,鼓励和引导各种社会资本投入。通过技术创新,加快建立农业清洁生产关键共性技术,建立包含生态工程技术、绿色能源开发技术、自然环境的治理技术、综合防治技术等在内的农业清洁生产的技术体系。推广节肥节药节水技术、发展生态型畜牧业、推进水产科学养殖为农业清洁生产提供技术支持体系。

农业清洁生产是一种减少资源利用、降低污染物产生、生产清洁农产品、促进农业可持续发展的生产模式,是新时期农业生产的必然选择。但农业清洁生产是一个崭新的研究领域,还处于起步阶段,因此必须加大在宣传培训、法律法规、技术支撑、资金投入等方面的扶持力度,必将推进我国农业清洁生产的发展。

第 6 章　农业污染管控

6.1　农业污染防治政策

6.1.1　农业污染研究动态

6.1.1.1　国外研究动态

国外关于农业非点源污染的研究主要集中在以下几个方面：

(1)农业非点源污染管控的理论基础

国外治理非点源污染的政策都是在点源污染控制措施进行改造和创新的基础上,使其符合非点源污染特征,为农业非点源污染管控提供有效借鉴。

由于环境污染具有明显的负外部性,根据外部性理论产生了两种政策思路:一种是由庇古提出的政府干预思路,即由政府采取直接管控或命令—控制型管控措施干预污染排放,比如制定排污标准、征收环境税或排污费;另一种是由科斯提出的产权交易思路,即通过市场手段来控制污染,比如排污权交易。

庇古早在 20 世纪 30 年代就提出,生产者只考虑其生产成本而不考虑污染造成的社会成本,导致了私人成本和社会成本的差异,这一差异既不能体现在生产者的生产成本中,也无法通过市场途径消除,只能由政府对其确定一个适当的价格,通过征税或收费的方式把污染治理成本强加到生产成本中去,使外部成本内部化,因此形成了一系列以政府干预为主的污染治理措施,如征收环境税、收取排污费、对节能减排进行补贴等。与此对应的是科斯提出来的市场手段,他完全否认通过政府干预手段进行污染治理,主张在明确资源产权的前提下,通过谈判、补偿等手段由污染者和受害者进行协商的方式解决污染治理问题。

可见,庇古理论和科斯理论都是从外部性出发提出的污染治理的基本理论,只不过它们在外部性治理手段的选择上产生了分歧,问题焦点在于要不要政府干预以及政府干预多少。但是,二者都为污染管控的理论和实践研究奠定了重要的理论基础。

(2)农业非点源污染管控的设计标准

我们以往关于污染管控的研究主要集中在如何设计排放量,因为人们最早关注的是点源污染,点源污染具有固定的排污口,排放量容易监测,监测成本较低;排污量与污染损害后果密切相关;污染排放较稳定,不存在影响污染排放的随机因素,所以点源污染控制通常是

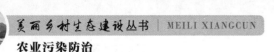

以设计排放量为基础的。

但是,农业非点源污染并非从一个或几个固定的排污口排放污染物,而是从许多并不固定的排污口将污染物排入农田或水体,农业非点源污染不仅受农业生产资料的投入和生产技术水平等确定因素的影响,还受地理环境、季节、气候等自然因素影响,具有广泛性、分散性和随机性等特点,打破了污染排放和损害后果之间的特定关系,在现有技术条件下很难对排放量进行准确监测。因此,农业非点源污染的管控不能以排污量为基础,需要寻找替代排放量的新的设计标准,如生产投入和氮、磷的排放量,其中,生产投入包括农业生产资料投入和生产技术的使用。生产资料投入包括化肥、农药的投入量,农业技术的投入即测土配方施肥技术、无公害农药技术、节水灌溉技术等对非点源污染的控制绩效,氮、磷的排放量则是对生产投入要素和生产技术信息进行估算以及水体中总氮和总磷含量的测算等。

(3)基于生产投入的农业非点源污染管控

Griffin 和 Bromley 最先对农业非点源污染管控进行了全面系统的理论分析。他们在借鉴排污标准和排污权收费等点源污染管控手段的基础上提出了4种农业非点源污染控制手段,即投入的标准、投入的税收、预期排放量的标准以及预期排放量的税收。分析表明,在合理设定参数的前提下,上述机制都能以低成本实现污染控制目标,但是在设定的参数数量、管控机制的交易成本、公众的接受程度等方面存在差异。同时,他们认为农业非点源污染外部性的存在,使得农业生产者不会关注生产产生的污染。因此,管制者可采取两种管控机制:一是直接管制,即限定投入因素或者生产产品以及对间接监测的排放量进行限定。二是经济激励,即对生产投入进行征税或补贴和对间接获取的排放量征税。

Shortle 和 Dunn 考虑到环境管理者和农户之间的信息不对称性以及农业非点源污染的随机性,比较了上述4种管控机制的相对效率。当农业生产者享有生产成本和收益的详细信息而环境管控机构不享有时,投入的税收优于投入的标准;当环境管控机构不能根据农业生产者的生产投入准确计算排放量,而是通过推测得出的模糊数据,投入的税收机制比排放的标准更有效。因此,它们认为,如果不考虑交易成本,投入的税收机制比其他三种管控机制更有效。他们对污染径流模型的研究表明,现有检测水平下,管理者很难了解农业生产者的排污信息并进行精确测量,他们根本无法准确判断污染主体及其应承担的责任,导致基于排放量的管控机制失效。只有对农业生产的投入进行征税,限制农业投入标准和污染物数量等措施来管控农业非点源污染。

在农业生产中,化肥、农药、灌溉等多种投入要素都会影响污染物的排放,对土地位置、土壤类型、土壤结构存在差异的农户影响也不同。为了达到最佳的管控效果,应当对影响污染排放的各种投入要素进行有效管控,还需要针对每个农户的污染状况设定不同的投入标准、不同的税率和补贴措施。这种管控机制由于执行成本过高在现实中不具有可操作性。

学者们后来把研究重点集中于一种或几种投入要素的污染控制,但仍然很难推行。

有些学者对一种或几种投入要素的污染管控的效率进行了经验分析。Wu 等人以美国南部高原区为研究对象,利用数学模型比较了氮肥施用标准、氮肥税、灌溉税和灌溉技术补贴 4 项管控措施的相对效率及对农业生产者生产决策的影响。结果显示,无论从农户还是社会角度看,灌溉技术补贴的效率均优于其他 3 种机制。从农户方面看,氮肥施用标准优于氮肥税、灌溉税这两种税收政策。从社会角度来看,氮肥税政策比氮肥用量标准社会效果更好。

比较对氮肥与灌溉都进行征税、仅向氮肥征税和仅向灌水征税这 3 种措施。结果表明,农户异质性并不影响这些措施的相对效率,所以对所有农户按相同税率征税并不影响这 3 种措施的相对效率,同时发现灌溉税优于氮肥税,并且灌溉税与对氮肥和灌溉同时征税的损失相当。Claassen 和 Horan 认为这些措施根本没有考虑市场价格对其造成的影响,他们以美国玉米生产为研究对象,比较分析了征收统一化肥税和有区别的化肥税对效率的影响。当存在内生市场价格时,农户异质性造成的税率和收益的差异会扩大,统一税率会明显高于区别税率。征收区别税率农户间收益差距会缩小。

上述研究表明,在设计关于投入的农业非点源污染管控时,需要进行两个选择,即选择哪种或哪些投入要素作为管控的激励要素,以及选择命令控制措施还是经济激励措施。对于同种投入的管控,可以通过理论分析来判断命令控制措施与经济激励措施的相对效率。但是,对于不同投入的管控措施,只能借助经验分析来判断这些措施的相对效率。由于实践中不可能在同一区域设置多种不同的管控措施,也就不可能利用实际数据确定它们的相对效率,只能通过多种模型模拟不同的管控措施,并对其效率进行比较,做出有效的污染控制措施选择。

(4)综合性的农业非点源污染管控措施

国外农业非点源污染都综合采取了法律、经济、技术以及公民自愿参与等多种管控措施。首先,法律管控措施是各国对农业非点源污染进行管控的最有效的手段。因为法律具有强制性和权威性,其他管控措施只有在法律保障下才能有效实施。美国最早在 1972 年的《清洁水法》中就规定了非点源污染的治理;《联邦水污染控制法》提出了最佳的管理措施,即在获取农作物最大产出时,采取科学措施减少农业非点源污染的环境管理策略。1987 年美国国会实施了一系列非点源污染的行动计划。1991 年欧盟的《硝酸盐法令》要求各成员国将硝酸盐超标或已经发生富营养化的水域划定为硝酸盐敏感区,采取强制手段减少营养物质的流失。其次,经济激励措施。经济手段是根据经济和生态规律,利用成本、利润、价格、税收等经济手段,向污染者提供的具有选择性、非强迫性的污染管控手段。主要包括排污收费、排污权交易、税收、信贷、补贴以及成本分摊等措施。排污权交易制度是国外学者研究非点源污染的重要措施。有学者对点源与非点源之间的排污交易进行了定量研究,构建了最优交易模型,并分析了非点源污染负荷的随机性、两种污染的削减边际成本比、削减置信度等对最优交易的影响。再次,技术管控措施。价格便宜、操作简单的替代技术是控制非点源污染的主要措施。美国通过补贴鼓励农业生产者采用环境友好型的农业技术,如最佳养分管理、植被过滤带、河岸缓冲带等。欧盟推广生态农业技术,农业生产不允许使用化肥、农药。最后,公众参与措施。比如,对公众进行教育培训和舆论宣传,对他们提供信息、财政、技术支持,鼓励他们主动参与各种环保行动。如美国鼓励农民实施"最佳管理实践",欧盟国家的"合作协议"管控办法。实践证明,公众参与环境管理是一种灵活有效的管控措施,对其他管控措施的实施具有辅助作用。

虽然大家对农业氮、磷流失认识相同,澳大利亚农业非点源污染管控的基本原则已从强制管控向自愿管控转变,国家采取了一系列措施推动农业可持续发展,很多农用工业包括化肥、农药工业,粮食和肉类产品加工业都必须进行非点源污染的研究和开发,只有综合考虑政治、经济、文化、环境等多种因素才能制定出有效的农业非点源污染管控措施。

虽然国外发达国家采取了有效的非点源污染管控措施,但是也没有从根本上解决非点源污染问题,非点源污染管控措施成为研究的重点。近年来,国外非点源污染的管控方法和政策措施包括农田管理、滨海流域管理、化肥农药管理等。

6.1.1.2　国内研究动态

国内学者对农业非点源污染主要从以下方面进行研究:

(1)从微观角度研究农民使用化肥、农药的行为及其影响因素

通过构建经济模型对农户的施肥行为进行分析,从农户层面寻求控制农业非点源污染的途径。何浩然等人的研究表明,各个地区化肥使用水平差异较大,有机肥和化肥的替代关系不显著;非农就业与化肥使用存在正相关,农业技术培训可促进农民科学施肥。在不考虑化肥价格的前提下,影响湖北省农户施肥决策的因素主要有耕地质量、离家距离、灌溉情况、租用情况、农产品出售比例以及种粮的经济收益等,各种因素对施肥决策的影响程度不同。农户化肥使用行为直接关系农业环境质量,四川省农户过量施肥普遍存在,氮、磷、钾肥施用比例不合理,施肥方式不科学,造成了农业环境的破坏。农民文化水平、年均收入、农技推广等直接影响农户的施肥行为。

采用计量分析法从微观层面研究农户农药使用行为及其影响因素。对山东省蔬菜出口地农药使用行为及对人体的危害进行分析,发现农户农药稀释不科学、农药使用不规范、施药自我防护措施缺乏等严重威胁农民身体健康。河北省约50%蔬菜种植户的农药使用不当,种植面积、经营方式、新技术的采用频次、生产经验及对农药污染的认知水平等都会影响农户农药使用行为。南京市部分无公害蔬菜种植户的生产标准和农药使用行为不规范,种

植面积、主要家庭收入、对食品安全的关注程度、违法处罚力度对农药使用行为具有重要影响。

(2)农业非点源污染法律管控机制

法律管控是我国农业污染管控的最传统也是最主要的手段。由于农业非点源污染的随机性、不易监测性等特点，排污收费等点源污染措施很难满足非点源污染的治理需求，通过制定法律进行强制管控成为农业非点源污染的必然选择。化肥、农药的过量和不合理使用，残留地膜的不当处理是造成农业非点源污染的主要原因。我国农业非点源污染法律管控还存在法律体系不完善、立法技术上没有区分点源污染与非点源污染、污染管控部门职能分工不明而且相互交叉、法律责任形同虚设等问题；原因在于：对农业非点源污染重视不够，立法难度大，农业非点源污染监控技术和手段缺乏；应加强农业非点源污染立法，构建农产品产地环境影响评价制度；实行农产品绿色税制；强化非点源污染的法律责任等对农业非点源污染进行有效管理。农业非点源污染治理是地方人民政府的主要责任，政府应对其辖区内的农业环境进行管理，农业非点源污染管控应实行各级人民政府联合行动，明确联合行动的范围，构建联合决策和执行机制。二元环境政策是农业环境恶化的主要原因，应明确政府的环境管理职责，理顺管理权限，确立政府农业非点源污染管控的投入和责任机制。应缩小城乡差距，加强环境教育，提高农民的环境意识，控制化肥、农药的使用。

(3)农业非点源污染管控的经济激励

随着市场经济的完善和法律管控弊端的日益显现，经济激励成了农业非点源污染管控研究的热点。通过研究发达地区的农业非点源污染，发现农业生产方式和发展模式诱发农业生产的过物质化，应采取经济手段和激励机制控制农业非点源污染，经济激励的构建需考虑污染者付费、政策成本、激励手段的关系等因素。环境税费，环境补贴、补偿以及排污权交易等经济激励措施的功能和适用条件不同。例如，北京密云地区实施以补贴扶持为主、税费惩罚为辅的污染管控措施，并对补贴数额进行了估算。环境税对控制非点源污染的可行性和操作性较强，构想了生产领域和消费领域的环境税。排污权交易制度是控制非点源污染的有效手段，点源与非点源污染的排污权交易能够节约治污成本，农业非点源污染之间的排污权交易能够提高农民技术革新的积极性，减少化肥、农药等农用化学品的使用。利用边际削减成本理论，分析了点源与非点源排污交易的经济可行性，指出了这种交易模式与传统污染治理模式的成本差异，构建特定条件下单一点源与单一非点源污染交易的模型。现行农业政策不利于控制农业非点源污染，应加强政府财政职能，对农业非点源污染治理实施以财政补贴为主、税收为辅的经济措施。

(4)农业非点源污染的技术管控

农业技术也是管控农业非点源污染的重要手段。生态工程技术是修复流域生态系统的重要手段。植被缓冲带、多水塘系统、生态农业、坡面生态工程和污染物无害化处理等生态环境技术的有机结合能够对农业非点源污染进行有效控制。最佳管理措施是控制农业非点源污染的主要技术手段之一，人工湿地、缓冲带、水陆交错带、水土保持和农业生态工程等工程技术也已应用在非点源污染中。通过大理市的调查发现，测土配方施肥对减少化肥用量、提高化肥利用率以及农作物产量和品质、降低生产成本、控制农业非点源污染、保护农业环境等意义重大。人工湿地、植被缓冲带、堆肥化、沼气利用、光合细菌以及微生物发酵剂等环境生物技术能够有效控制农业非点源污染。生态工程技术能够有效控制流域水环境非点源污染。沼气技术对种植、养殖业以及生活污水等引起的非点源污染具有控制作用，沼气技术是控制农业非点源污染的有效途径。

（5）公众参与农业非点源污染管控

环境权是公众参与的理论基础，公众参与的方式包括立法参与、决策参与、管理参与和救济参与。公众参与环保行为的形成机理和不同时期公众参与行为存在性别和时间差异。利用陕西省公众参与数据，分析了公众参与环保行为的影响因素及其作用机制。哈尔滨公众参与环境管理存在意识薄弱、公众参与污染管控法律不完善、参与渠道不畅、非政府组织（Non-Governmental Organizations，NGO）组织的力量单薄等问题。应采取制定公众参与专门法、确立公民环境权、拓展公众参与途径、提高公众法律意识、构建环境公益诉讼制度等措施来完善我国公众参与制度。环境公益诉讼的原告不应局限在与本案有直接利害关系的范围，应放宽原告资格、合理配置举证责任、拓展诉讼渠道、公平负担诉讼费用等方面构建我国环境公益诉讼制度。

6.1.1.3 国内外研究述评

通过对国内研究现状的分析，农业非点源污染的研究趋势集中在两点：

1）研究方法注重定量化研究，通过对管控措施进行可行性分析和成本—效益分析，在综合量化评估的基础上选取社会效益最大化的管控方案。

2）在研究内容上，主张各种管控措施的有机结合，即以法律手段为前提，利用税费、补贴和排污权交易等经济激励手段、技术手段以及教育和自愿参与手段等控制非点源污染。

尽管一些发达国家构建了切实有效的农业非点源污染管控措施，取得了一定的污染控制效果，但是农业非点源污染问题还没有从根本上得到完全解决。农业非点源污染的管控将是一项长期复杂的工程，也将成为研究重点和难点。农业非点源污染特别是我国的农业非点源污染管控的研究还存在以下不足：

①我国农业非点源污染的管控还没有引起国家和民众的广泛关注，目前仅停留在理论探讨阶段，针对我国国情的系统深入的农业非点源污染的经济分析及管控措施的研究还很少，尤其是实证角度的研究更少。

②我国农业非点源污染管控研究相对薄弱,仅有少数学者进行了尝试,但是研究方法单一,研究内容零星、孤立,不能形成完整的管控体系。

③农业非点源污染检测手段落后。现有技术手段很难对农业非点源污染准确检测,无法确定污染行为和损害后果之间的因果关系,更无法确定每一个污染主体的责任,使污染管控体系的构建缺乏基础和依据。

④我国农业非点源污染管控方式单一。我国主要采取命令控制型的管控措施。经济激励、技术引导以及公众参与等管控措施在非点源污染管控实践中还是空白。此外,政府在财政投入、发展生态农业以及加强农产品质量安全方面还没有采取相关的配套措施,减少和预防农业非点源污染在我国仍任重而道远。

6.1.2　农业污染防治面临的困难

（1）农业污染源头控制难以迎合农作物增产需求

我国以占世界9%的耕地供养着世界上22%的人口,立足耕地资源相对短缺的基本国情,提高农作物产量一直是我国提高农民收入、保障国家粮食安全的核心内容。相较而言,农业生产污染防治却尚未得到国家层面的战略部署。在现有的技术水平下,大量投入化肥和农药不可避免地成为提高农业生产效率、确保粮食产量持续增加的重要途径,且目前尚无可替代性。我国人民生活水平不断提高,除了对普通粮食作物的需求外,还产生了对蔬菜、水果、花卉以及反季和非本土农作物的大量需求,这些农作物不仅需要投入大量的化肥与农药,还需要使用大量的地膜。因此,在找到可以有效兼顾农作物增产和环境保护的两全方法之前,农业化肥、农药及地膜等污染难以从源头上进行有效控制,在农业污染控制、粮食安全和农民收入之间寻找平衡点成为政府决策的一大难点。

（2）农业清洁生产技术研发及推广体系不完善

我国正处于从传统农业向现代农业的过渡转型期,农业粗放型生产方式是导致农村污染问题日趋严重的主要原因。首先,从农业生产源头投入来看,可供农民选择的有机肥、低毒害生态农药类型不多,而且农民也很难承受其相对较高的价格。农民大多是靠经验盲目施肥,认为"施肥多,产量高",这也是造成我国化肥施用总量大、施用效率低的重要原因。其次,从农业生产全过程来看,育种、施肥、灌溉、植保、农机和设施、废弃物资源化等缺乏先进的技术支撑,农业科技成果转化率低。

（3）源头选肥（药、膜）、过程施肥的农业清洁生产技术支撑不足

造成我国农业污染日趋严重,农业生产主体——农民缺乏科学知识和技术,直接原因在于我国农业清洁生产技术研发及推广体系不完善。一是农业清洁生产科技研发不足,对有机肥、生态农药、可降解地膜等生产投入要素,测土配方施肥、施肥方式等生产过程控制技

术,以及低投入、低污染、高产出的高科技农业生产的研发系统不够深入;二是农业清洁生产技术推广服务体系不健全,先进技术推广应用率和科技成果转化应用率较低,农民得不到科学施肥、用药等方面必要的、实用的培训,他们对农业清洁生产无从下手。

(4)缺乏适合农业污染防治的管理体系

从我国环境保护历程来看,城市一直是环境保护工作的主要阵地,农村非点源污染已经接近全国污染总排放量的50%,"十二五"将农村环境保护与城市环境保护并重。不同于城市生活污染与工业生产的点源污染,农业生产污染是典型的非点源污染,具有污染分散、面积广、分量小、总量大、随机性强、潜伏周期长等特点。如果套用城市和工业污染治理手段,农村环境保护存在政策、技术、经济等多重障碍。一是我国最基层的环保系统是县一级环保机构,农村环保机构缺失使农村污染防治工作无法保证得到很好的监督和实施;二是我国环境管理体系是以城市污染集中处理和工业点源污染防治为主体的,环境保护政策在解决农村环境污染问题上不仅力量薄弱而且适用性不强;三是对农村污染及其特点认识不足,农村污染监测、调查滞后,农业非点源污染缺乏系统、可靠的基础资料,使得农村环境问题难以得到准确及时的反映;四是农村环境保护缺乏稳定、充足的资金来源,污染控制和治理难以有效进行。

6.1.3　我国农业污染防治政策分析

在我国推进经济发展方式转型、建设生态文明的关键时期,及时进行适合我国国情的农业非点源污染控制技术研发与政策制定已经成为我国环境保护工作的当务之急。

(1)发展生态高效的现代农业

我国环境保护工作思路已经实现了从"末端治理"到"源头防治"和"全过程控制"的战略转变,同样在农业生产污染防治过程中,我们不仅要关注农业污染源的控制和农业污染排放的末端处理,更要从战略高度规划与发展可持续的现代化农业,实现农业生产的低投入、低污染、高产出。主要从两个方面着手:一方面,合理引导农业种植结构的调整,选择种植适合本地地理、气候、资源禀赋等特征的农作物。例如,滇池流域种植业高度集中,复种指数高,商品率高,大量耕地用于种植花卉、蔬菜、烤烟等农药、化肥施用量大的作物,造成滇池流域非点源污染严重。近些年,滇池流域调整农业结构,坚持以农改林,沿湖坝区调整为园林园艺、苗木种植和农业休闲观光区域,明显改善了流域非点源污染情况。另一方面,加大农业生产科技研发力度,促进农业生产技术的全面升级。借鉴其他国家先进的高科技农业生产技术,从农业生产要素投入到农业生产过程控制,再到农业生产废弃物再生利用,将传统农业化学与信息技术、生物技术相结合,加快推动我国农业生产走向生态化、数字智能化、精准化、高效化,从而从根本上破解我国农村环境保护"治标难治本"的困境。

（2）加强农业清洁生产技术研发和推广

农业清洁生产是从根本上减少农业生产污染的有效途径,从源头、田间管理及末端拦截 3 个环节控制农业污染,重点从以下 3 个方面加强相关基础研究和技术创新:第一,研究开发高效、低毒、低残留、低成本的有机肥和生态农药等新产品,从源头上控制污染摄入量。第二,研究开发测土配方施肥技术,针对不同地域、不同类型耕地、不同气候、不同作物的具体情况研究精准施肥技术,确定化肥品种、用量及施用方法。第三,研究开发农业生产废弃物再利用技术,重点是农作物秸秆发酵和沼气采集利用、大型畜禽养殖场畜禽粪便加工有机肥等关键技术。

（3）构建技术推广服务体系,使农业清洁生产技术真正落到实处

一是通过政府或农民专业技术组织,对农民定期进行农业生产科学知识普及、教育和培训,使农民真正掌握农业科学生产知识;二是培养一批农业科学生产技术推广服务人员,深入农场、田间和果园,手把手帮助农民应用科学生产技术。

（4）完善农业生产污染防治管理体系

针对农业生产污染特点,从以下 4 个方面逐步完善我国农业生产污染防治管理体系:

第一,建立和健全县、乡镇级环保机构,配备专门的农村环境保护工作人员,这是解决农业生产及农村环境污染问题的首要基础。

第二,设置农业生产污染防治专项资金,建立农业生产污染专项研究科研平台,加大对农业生产污染防治技术的研发投入,并通过重大项目带动与优势力量凝聚,尽快开展典型农业生产污染物(氮、磷)负荷排放特征、削减与治理相关问题的研究。

第三,建设农业污染监测体系,摸清农业非点源污染的组成、发生特征和影响因素,全面掌握农业非点源污染状况,监测并发布主要农产品基地环境质量状况、开展农村与农业环境状况调查与评估、建立农村与农业环境管理数据库。

第四,制定适合农业生产污染特点的法律法规和环境标准,建立从农业生产投入要素到食品加工和饮食业等各个环节法律法规及配套制度,包括防治化肥和农药非点源污染的专项法规,进一步完善农业环境保护法和食品安全法等相关的农业污染控制法规和条例。

6.2　农业污染管控的理论及原则

6.2.1　农业污染管控的理论

6.2.1.1　政府监管理论

政府监管理论的提出是市场经济发展的结果,是在市场失灵、自由竞争引发垄断以及存在外部性等情况下形成的。西方政府监管理论的形成和发展与市场发展水平和政府处理市

场问题的手段和方法密切相连。不同学者对政府监管有不同的理解,史普博(Spulber)认为政府监管是政府机构制定执行市场干预机制或改变生产者和消费者供需决策的规则和行为。植草益认为,政府监管是政府机构依照一定的规则和程序对企业活动予以规制的行为。政府监管是在市场经济体制下,为了校正、改善市场机制存在的问题,政府干预经济主体活动的行为。可见,政府监管是政府机关通过财政、经济手段,对生产者或消费者等微观经济主体的行为进行宏观调控的行为。

政府监管理论赋予了政府监管权,即政府为了履行微观监管职能而享有的行政权。政府监管权包含下面几个要素:

一是监管权的前提和形式。政府监管权是市场存在竞争不完全、垄断、负外部性、信息不完全等市场失灵问题而实施的公共管理权。监管权存在的前提条件是微观经济存在市场失灵问题。

二是监管权的行使主体。监管行为要求监管者具有权威性、中立性、独立性和可信性。权威性指监管主体具有经济、法律、技术等方面的专业知识和技能,能够提出专业意见和建议。中立性指监管主体立场中立,与被监管者不存在利害关系。可行性指监管主体创设,行使监管权的程序和措施都能够取信于众。独立性指监管主体法律地位明确,能自行处理监管事务,排除其他机关干涉。可信性是指监管主体的行为能够被监管者认可和接受。

三是监管内容和形式。监管内容一般包括微观主体的市场准入、价格、信息披露、反垄断等方面。具体的监管行为包括资格审查、标准设立、价格控制、市场主体的行为准则构建以及处罚和监督等。

四是控制监管权和相对人权利救济。监管权会对个人权利进行限制,因此应该对其予以限制。具体途径包括:一方面,对政府管制的异议根据法律规定对其进行审查;另一方面,对具体的监管行为通过行政复议或行政诉讼进行救济。

政府监管,一方面是推进市场经济发展的客观要求。在市场经济发展过程中,自由竞争带来盲目性、自发性、滞后性等市场失灵的现象,加强政府监管有利于维持市场经济的有效运转。另一方面,政府监管是解决生态安全的有效方式。我国的经济发展付出了惨痛的环境代价,要解决经济发展和环境保护的矛盾,加强政府监督是一种必然选择。

6.2.1.2 机制设计理论

随着农业污染的不断加剧,其管控手段也在不断更新,从强制性的管控手段发展到市场手段。20世纪70年代,西方发达国家通过经济手段有效实现了环境与经济的协调发展。但是,市场手段只有在理想的良性状态下才能实现资源的有效配置,然而,现实的市场存在信息不完全、竞争不完全等市场失灵问题,无法实现资源的有效配置。另外,资源配置方式具有多样性,包括市场机制、企业内部交易、谈判或领导机关指派以及政府管制等。如何在现实的非理想状态下实现资源的优化配置,机制设计理论因此而诞生。

机制设计理论是由赫维茨提出,马斯金和迈尔森进行发展和完善的。其理论核心是如何在信息不对称和分散情况下通过激励相容的机制设计对资源进行有效配置。此理论使人们明确了不同资源优化配置机制的性质,使他们认识到什么情况下市场机制会失灵,帮助人们确定和选择有效的交易机制和管制措施。它为设计、研究和比较不同经济机制和制度设计提供了理论基础。

经济学家们通过对 20 世纪三四十年代社会主义计划经济机制可行性的讨论后发现,信息不完全和有效激励是计划经济和市场经济共同面临的问题,怎样的机制才能解决资源的优化配置,赫维茨提出了机制设计理论。

机制设计理论内容包括 3 个方面:

(1)激励相容

一个经济机制最需要解决的两个问题是信息问题和激励问题。机制的有效运行需要收集和传递大量的真实信息,但是大部分信息往往是私有的,就需要采取措施激励参与人告知真实信息。信息不对称时,不同参与人的动机不同,怎样使个人目标符合社会目标,这就是激励相容。在特定机制下,如果参与者如实告知自己的个人信息可以实现其占优均衡策略,这就是一个激励相容的机制。这种机制使参与者在追求个人利益的同时也能实现社会利益的最大化。但是,在正常情况下,理性经济人总是自私的,个人利益和社会利益往往不一致,在个人信息分散的情况下,不存在有效的机制激励个人主动告知自己的真实信息。

(2)显示原理

显示原理是指人们在寻求最优设计机制时,可以通过直接机制对其进行简化,减少机制设计的复杂性。只要直接机制存在激励相容,就可以实现特定的社会均衡。此原理表明,一种机制的任何均衡结果完全能够通过另一种直接机制达到,可以从多个直接机制中选择一个最优机制。原因在于:任何一个机制都可以找到一个激励相容的等价的直接机制,而且可以对直接机制进行数学分析。

(3)执行理论

1977 年马斯金提出了机制的实施理论,他用博弈论论证了社会选择规则的实施问题,并对单调性和无否认权的性质进行了讨论。单调性是指在特定环境下某一方案是有效的,环境改变以后,根据所有参与人的选择,这种方案仍被认为是最有效的,这种方案就应该是社会选择。单调性是社会规则付诸实施的基本要求。无否定权是指一种方案是所有人认同和选择的,没有一人例外的情况下,这种方案就是社会选择。一种机制同时满足单调性和无否决权条件,这个机制就是可实施的,这是机制实施的充分条件,单调性是机制实施的必要条件。

农业污染管控就是在农业污染信息不完全、农业生产分散的情况下,设计一种机制既能有效激励国家和政府对农业环境的管理,又能激励农业生产者合理使用化肥、农药等化学农用品,使个人利益和社会利益相一致,实现经济效益和环境效益的双赢,有效控制农业污染。农业污染的管控机制很多,应该从中寻找一个管控成本低、农业生产者容易接受、管控效果好的最优直接机制,取代复杂、烦琐的管控机制。农业污染的管控机制只有在所有农业生产者都认为是最好的,并无人持相反意见的情况下,才能得到农业生产者的认可,也才能在实践中得到贯彻实施。

6.2.1.3 行为激励理论

农业污染具有负外部性,只有把负外部性转化为内部成本,并对农户生产行为进行激励,这是农业污染有效管控的前提。在校正负外部性时,由于私人边际成本背离社会边际成本、私人边际收益背离社会边际收益,不完善的市场机制无法有效引导理性农业生产者把资金和投入有效配置到农业污染管控中,因此单纯依靠市场机制很难实现资源的有效配置,会导致市场失灵,需要通过政府干预的方式对负外部性进行校正,实现外部成本内部化。政府的矫正措施对农户行为进行有效激励,减少农业污染的发生。激励可以分为正激励和负激励,内容可分为物质激励和精神激励。正激励是指对农户减少农业污染的行为使其收益增加或社会评价提升,包括补贴、奖励等方式,如对农户使用有机肥、生物农药等减少农业污染的行为进行补贴;对保护农业生态环境的行为进行奖励。负激励是指因农户的污染行为减少其经济收入或降低其社会评价,如对农户污染行为征收资源环境税导致农户收益减少,通过批评使农户社会评价降低。

庇古税是一种有效的激励手段。庇古认为,市场不能有效配置资源的主要原因是经济人的私人成本和社会成本不一致,私人的最优导致社会的非最优。对负外部性进行纠正的方式是政府通过征税或者补贴矫正经济人的私人成本。只要政府采取措施使私人成本等于社会成本,私人收益等于社会收益,就可以达到资源配置的帕累托最优。这种纠正外在性的方法为"庇古税"。

设立庇古税的意义在于:首先,通过征收污染产品税,使污染环境的外部成本转化为生产的内部税收成本,降低私人的边际净收益,增加社会边际收益。其次,环境税提高了污染产品的生产成本,降低了生产者的收益预期,减少了污染产品产量和环境污染。另外,增加污染治理资金。庇古税在调节生产的同时,还会增加税收收入,可作为专项资金用于污染治理。最后,庇古税会引导和激励生产者不断寻求清洁生产技术,减少污染,从而降低缴纳的税收。

庇古税的功能有以下两个方面:一是有效配置资源,使污染减少到帕累托最优水平。污染者总会对现有污染水平下缴纳的税收和减少污染、少交税收获取的收益进行权衡,如果减少污染的成本小于缴纳的税收,生产者就会减少污染,直到税收和污染治理成本相等时,达到污染最优水平。二是有效矫正外部不经济性。通过税收对生产和消费中的外部成本进行矫正,使产量和价格在效率上达到均衡,矫正边际私人成本,使污染者认识到污染造成的社会成本,因此环境税又称为"矫正性税收"。矫正性税收的另一优势在于:有效避免了税收的扭曲性效应。比如个人所得税的税率过高时,人们往往会工作懈怠以规避税收,有奖懒罚勤的副作用,相反,庇古税正是对外部不经济性的调整,具有修正性作用,避免了税收的扭曲效应。

庇古税主张通过政府行政干预的方式使私人边际成本与社会边际成本相等来解决农业生产的外部性问题,政府通过税收或补贴等经济干预手段使边际税率或补贴等于外部边际成本或外部收益。一方面对具有负外部性的农户行为征收环境税,限制其生产规模、减少其负外部性;另一方面对具有正外部性的农户行为给予补贴,鼓励其扩大生产规模、增加农业生产的正外部性。赏罚并举,农户为了追求农业收益最大化,他们将会从自身利益出发,使农产品价格等于社会边际成本,使个人效益最大化和社会效益最大化相统一,使外部成本内部化。

庇古税的实施难点是:庇古税的前提是税收等于社会最优产出点上的边际外部成本。这就需要准确了解污染损失的货币价值,这个难度很大,甚至无法实现,因为农业污染具有多样性、间接性和滞后性以及不确定性,有些损失很难用货币衡量。因此,庇古税的实施缺乏可行性。替代办法是,通过制定环境标准替代理论上的最佳点,并据此设定税率,实践中的环境污染税就体现了这一思路。实际上,只要对污染行为征税,就会在一定程度上具有庇古税的作用,虽然税收不能完全等同于理论上的理想临界点,但如果实际环境税与之越接近,则污染管控效果越明显。

6.2.1.4　公共治理理论

公共治理理论是 20 世纪 90 年代人们在寻求政府对公共事务的管理模式时提出的,它否定了传统公共行政的强制性和垄断性,强调政府、社会组织及其个人的共同作用,积极探索政府以外的管理方式的潜力,关注信息社会各个组织之间的平等协商和联合合作机制。公共治理理论是信息化和全球化冲击下公共管理实践的产物。

"治理"本意是指控制或操纵的意思,也可以指不同利益主体在共同领域取得认可或达成一致,共同实施某项活动。全球治理委员会认为治理是指公共机构或个人管理公共事务的多种方式的总和,是不同利益主体进行利益协调和采取联合行动的过程。公共治理是指政府、社会组织、个人以及国际组织,通过谈判、协商等民主方式共同治理公共事务的方式。不同于以政府为主导的传统的公共行政,强调治理主体的多元化、治理方式民主化以及治理协作化的民主互动的新型公共事务治理模式。公共治理具有以下特征:

(1)治理主体的多元化

在公共治理中政府不再是公共事务治理的唯一主体。任何社会组织、公民团体、国际组织甚至公民个人都可以成为治理公共事务的主体。不同的治理主体在公共事务治理中发挥的作用不同，从而实现治理方式的最优化和治理效率的最大化。各个治理主体是平等合作的关系。

(2)治理权力的多中心化

治理权力不再集中在政府手中，而是分散在企事业单位和社会团体以及个人手中，形成多个权力中心，各个权力主体之间相互监督和制衡，对公共事务进行共同治理。

(3)政府权力的有限化

政府不再是唯一管理所有公共事务的组织，公众能够自我管理的问题，政府就不主动参与，由全能政府转变为有限政府。这样不仅能够保障其他权力主体对公共事务的管理权，还可以防止政府滥用职权，同时降低政府的管理成本，提高管理效率。在公共治理失调时，政府应当担当起协调职责。

(4)相互合作是公共治理的精髓

以主体多元化和权力多中心化为特征的公共治理理论，在治理过程中必须有效协调政府、社会组织以及公民个人等各个治理主体之间的关系，促进各个治理主体的相互合作，否则，必然会出现治理失灵。

在农业污染管控中可以引入公共治理理论，应积极鼓励政府、社会组织、农民和社会公众共同参与到农业污染的治理中。这样既能提高管控效果又能克服政府单方治理的弊端。一方面，农业污染危害的是公共环境，公共治理能提高各个治理主体进行环境管理的积极性，既能节约污染管控的成本又能提高管控效率。另一方面，由于政府无法有效获取农业污染的各种信息，在污染治理中往往出现政府失灵，多中心治理可以有效弥补政府失灵的缺陷。

在多中心治理理论中，多个治理主体如何实现最佳的治理效果呢？科斯认为，经济的外部性或非效率可以通过当事人谈判予以纠正，实现社会效益最大化，这就是科斯定理。科斯定理的前提条件是完善的市场经济，必须具备两个条件：

①交易费用为零或很小，多方治理主体进行谈判和协商付出的成本很小，容易达成一致意见，反映了科斯定理对市场发育的要求。

②明晰的产权是市场主体产生的前提，如果产权不明，多方治理主体就失去了治理的动力，导致"公地悲剧"。

只有根据科斯定理对资源环境产权进行明确的界定，并且要促进市场发育，减少多方治理主体的谈判成本，才能最大限度地发挥公共治理的功效。

6.2.2 农业污染管控的一般原则

目前,我国的农业污染日益严重,引起了社会各界的广泛关注,对农业污染进行有效管控已经迫在眉睫。但是由于农业污染广泛性、分散性、复杂性、难检测性等特点,如何构建适合我国国情的切实有效的管控体系成为关键问题。农业污染管控,一方面加强国家和政府对农业污染的管控职能进行无缝整合,另一方面对农户农用化学品的投入、使用和回收行为进行经济激励和技术引导。我国应该借鉴国外发达国家污染管控的经验,综合运用法律、行政管理、经济激励、技术引导、公众参与相结合的综合管控措施,才能取得理想的管控效果。农业污染管控的基本原则如下:

(1)"以共同负担为主,污染者负担为辅"的财政原则

农业污染管控的费用承担原则是污染管控机制首先要解决的问题,应该遵循以"共同负担为主,污染者负担为辅"的原则,用"污染阈值"来确定共同负担和污染者负担的界限。主要原因有:一是我国长期实施以农补工的经济发展模式,加之农业生产重产出、轻维护,导致农业生态环境的严重退化。现在,工业发展迅速使其有义务、有能力反哺农业。二是我国实行家庭联产承包责任制,小农生产的弱质性是长期城乡二元发展的结果,如果单纯实行污染者负担原则必然会加重农户的经济负担,挫伤其进行农业生产的积极性。三是农业不仅具有经济价值,还具有社会价值和生态价值,对保障国家粮食安全和社会稳定、维护生态系统平衡具有重要作用。

(2)"以经济激励为主,行政管制为辅"的管控方式

自从20世纪80年代我国实行家庭联产承包责任制以来,农户就成了农业生产的基本单元,农业污染也主要是农户的农业生产行为导致的,但是我国农户数量非常庞大,目前有2.3亿农户,而且非常分散,无法有效确定每个农户的污染责任,如果采取行政手段对农户的生产行为进行管控,需要投入大量的人力、物力和财力,难度很大,而且很难取得理想的效果。运用市场机制通过各种经济激励手段和技术手段对农户行为进行积极引导,使农户能够根据自身条件自由选择对自己最有利的污染管控措施,减少污染,既能减少行政执行成本,又能提高农户控制污染的积极性。

(3)"以生态补偿为主,税费为辅"的管控手段

农业生产具有经济、社会和生态功能,具有很强的正外部性。在农业生产中的受益者不仅是农户,还有整个社会。另外,由于工农产品剪刀差对农民的剥削和城乡二元结构的长期存在,农户具有明显的弱质性,向农民征收环境税费是不公平也是不现实的。因此,农业环境承载范围内的农业污染治理费用应由政府承担,超过环境承载能力的污染由污染者承担。我国应该向农业生产者进行生态补偿,激励他们保护农业生态环境,对污染特别严重的可以

收取税费,以示惩罚。

(4)"以源头控制为主,末端治理为辅"的管控模式

农业污染的管控应当实行以源头控制为主。首先,农业污染的特点决定了污染一旦形成,就会很难监测,更难治理,甚至耗费大量的人力、物力和财力也无法恢复到污染之前的状态,源头控制是一种成本低、效益高的管控方式。其次,污染的过程性是实行源头控制的现实基础。污染的过程性是污染物的排放和污染的产生之间没有间隔,农业化学品从开始施用就对环境产生作用,不会为人们留下过程控制或末端控制的时间和条件,所以,应当从源头上防止农业化学品进入农业环境。再次,农产品质量与人体健康的关联性是源头控制的价值基础。过量使用化肥、农药等必然会造成农产品污染及农药残留超标,危及人体健康,从源头上控制农用化学品进入环境,是确保农产品质量安全、维护人的身体健康的必然选择。另外,农业竞争力的博弈是源头控制的经济动因。在国际市场上,有机农产品具有很强的市场竞争力,因为其生产过程不使用任何农药、化肥、饲料及饲料添加剂等化学品,零污染、营养价值高成为各国农业的发展目标,只有从源头控制农用化学品的使用才能提高农产品的国际竞争力。最后,由于我国实行的是以家庭为单位的小农生产,农户数量多而且分散,如果采取末端治理,很难确定污染者及其责任大小,管控成本高且效果不好,只有加强源头控制,推行清洁生产制度和全程控制是农业污染的管控方向。同时,末端治理是污染管控的补充方式,只有发生大范围、后果严重的污染后,进行环境恢复时才可以采取末端治理的方式。

6.3 农业污染管控的现状

6.3.1 农业污染管控困境

(1)管控法律缺位

我国目前还没有制定农业污染防治的专门立法,对农业污染的规定分散在其他法律中。这些法律仅仅在个别条款中规定了农业污染,而且概括比较抽象、不够明确具体、针对性不强、法律强制性不够,很难起到控制污染的效果。如《中华人民共和国环境保护法》第四十九条规定:"各级人民政府及其农业等有关部门和机构应当指导农业生产经营者科学种植和养殖,科学合理施用农药、化肥等农业投入品,科学处置农用薄膜、农作物秸秆等农业废弃物,防止农业面源污染。""禁止将不符合农用标准和环境保护标准的固体废物、废水施入农田。施用农药、化肥等农业投入品及进行灌溉,应当采取措施,防止重金属和其他有毒有害物质污染环境。""畜禽养殖场、养殖小区、定点屠宰企业等的选址、建设和管理应当符合有关法律法规规定。从事畜禽养殖和屠宰的单位和个人应当采取措施,对畜禽粪便、尸体和污水等废弃物进行科学处置,防止污染环境。"《中华人民共和国农业法》第五十八条规定:"农民和农业生产经营组织应当保养耕地,合理使用化肥、农药、农用薄膜,增加使用有机肥料,采用先进技术,保护和提高地力,防止农用地的污染、破坏和地力衰退。"第六十五条规定:"各级农业行政主管部门应当引导农民和农业生产经营组织采取生物措施或者使用高效低毒低残留农药、兽药,防治动植物病、虫、杂草、鼠害。"《中华人民共和国农产品质量安全法》第十九条规定:"农产品生产者应当合理使用化肥、农药、兽药、农用薄膜等化工产品,防止对农产品产地造成污染。"第二十一条规定:"对可能影响农产品质量安全的农药、兽药、饲料和饲料添加剂、肥料、兽医器械,依照有关法律、行政法规的规定实行许可制度。"一方面,法律规定不明确,这些农业污染的法律规定大多使用政策性、鼓励性的语言规定要合理使用化肥、农药,至于怎样合理使用化肥、农药法律没有明确规定;另一方面,法律操作性不强,这些法律规定几乎没有涉及违法者的法律责任,无法取得良好的管控效果。

(2)管控机构缺失

我国目前还没有农业环境保护的专门机构。《中华人民共和国环境保护法》第十条规定:"国务院环境保护主管部门,对全国环境保护工作实施统一监督管理;县级以上地方人民政府环境保护主管部门,对本行政区域环境保护工作实施统一监督管理。"在我国,环境保护部下设的自然生态保护司和省级环保厅下设的自然生态保护处具有管理农村环境的职能,但不是管理农村环境的专门机构,它们往往由于人力有限、事务繁多,加之农业污染面广、量大,对象分散,根本无法对其进行有效管理。在市、县级环保部门没有设立管理农村环境或农业环境的机构,他们的工作重点是城市的点源污染,无法顾及农业污染。加之地方人民政府重经济发展,轻污染治理,甚至为了促进地方经济发展不惜牺牲环境利益。大部分乡镇也没有管理农业环境的环保办公室、管理员等。村集体职能弱化,也无力管理农业污染。人民公社时期,农村集体具有一定的经济权和行政权,可以运用行政命令集中人力和物力对农业环境进行治理,随着家庭联产承包责任制的实行和农业税费的取消,农村集体的行政和经济职权逐渐弱化,农村资源产权主体虚化,已无力治理农业污染。因此,农业污染处于无人监管的境地。

(3)管控体制混乱

根据《中华人民共和国环境保护法》的规定,农村环保工作分散在环保、土地、农业、林业、水利、矿产等各个职能部门,由于部门利益不一致,导致有利可图的争着管,无利可图的相互扯皮、推诿,不能进行有效的综合管理,无法达到理想的管控效果。另外,我国农业污染还沿用科层管理体制,各个部门职能分工不清,存在重复和交叉现象。比如,自然保护方面,环境保护部设有自然资源保护司,国家林业和草原局有野生动植物保护司,自然资源就包括野生动植物,两者在野生动植物的保护方面存在职能交叉;环境规划方面,国家发展和改革委员会和国家环境保护部存在职能交叉。农业污染的复杂性、综合性、系统性决定这种条块分割、职责不清的管控体制很难实现污染的有效管理。

(4)管控协调机制缺乏

目前,我国缺乏对多头管理体制的有效协调机制,导致污染管理混乱和大量漏洞,成为污染管控的难题。如何有效划分环保、林业、水利、矿产、土地等各个管理部门的职责权限,避免管理的重复、交叉和空隙,构建协调统一的管控组织体系和协调机制是当务之急。组织体系的构建需要明确多个管理机构的组织关系。协调机制出现管控的交叉、重复及空隙时,有效协调各个管理机构的职能权限,实现统一、高效的管理。

(5)管控手段单一

我国对农业污染的管控主要采取命令—控制型的管控手段,即政府通过制定环境法律、政策,实施环境税费等强制性手段,我国现行的命令—控制型的管控手段主要针对点源污染制定的,并不适用农业污染。另外,命令—控制型管控手段需要大量的人力、物力和财力,适用污染地域集中,污染信息充分的污染。我国农业生产规模小而分散,污染信息获取困难,管控成本高,加之农业污染管控机构缺乏,很难运用单纯的命令—控制型管控手段达到理想的管控效果。命令—控制型的管控手段没有充分利用市场规律,也没有考虑农户的市场主体地位,没有给农户提供更多的自由选择的空间和余地,也就无法激励农户自觉减少和控制农业污染。

(6)管控模式落后

我国长期在污染治理方面实行的末端控制模式无法适用农业污染。我国实行以农户为单位的家庭联产承包责任制,农户是农业生产的基本单元,全国农户数量众多而分散,每个农户拥有的土地面积以及化肥、农药施用量都存在差异,加之污染受到不同地理、气候、水文等自然因素影响较大,很难对单个农户产生的污染进行量化,末端治理无法开展。另外,污染一旦形成,治理成本和治理难度要比点源污染大得多。只有采取"以源头控制为主,末端控制为辅"的管控模式,才能达到既能节约治理成本又能提高管控的效果。

(7)管控资金投入不足

我国的环保资金投入遵循地方各级人民政府和污染者共同负担原则,以地方人民政府和污染者投入为主、中央适当扶持的政策。发达国家环保投入占GDP的3%,而我国仅为1%,农村环境保护投入更是微乎其微。目前,我国农业污染治理投资严重不足,主要表现在:

1)财政投入"重点源、轻非点源"。

由于点源污染易于治理,效果显著,因此,主要的污染治理资金都投向点源污染,污染控制的投资和治理资金微乎其微。例如,"十二五"期间,国家环境主力资金7000亿元,约为GDP的1%,2700亿元用于治理水污染,主要用于污水处理设施建设,对农业污染的源头控制投资更少。

2)财政投入"重城市、轻农村"。

长期以来,中国污染管控资金几乎全部投入城市的工业领域,目前几乎没有用于农村污染治理的财政预算。而乡镇和村级组织财政短缺,无法建设农业污染治理设施,导致农业污染泛滥。

3)吸收社会资金不够。

农业污染管控是一项关系农业可持续发展和人民群众健康和生命的公益事业,公益性强,回报小甚至没有回报,缺乏对社会资金的吸引力。农业污染管控资金缺乏,难以达到满意的管控效果。

(8)管控技术的推广和采纳困难

目前,农业技术对农业污染的控制效益不明显。①控制农业污染的农业技术的研发不足。虽然我国每年有大量的农业新技术出台,但是投资少、见效快、经济实用、简单易学、适合小规模生产、农民需求高的农业技术极为缺乏。②农业技术推广体系存在很多缺陷,使很多简单实用的农业技术无法在实践中推广,主要表现为:一是农业技术推广的需求和供给脱节。农技推广是由政府采取自上而下的行政命令的方式进行推广,推广的项目并非农民最需要、收益最明显的项目,而收益高、见效快、农民最需要的技术却无人推广。二是农技推广人员推广的动力不足。由于农业技术推广人员待遇低、生活条件差,他们缺乏推广的主动性和积极性,很多农技推广机构已名存实亡。三是推广经费少,并且使用不合理。我国农业科学技术推广投入的经费较少,而经费大多用于行政支出,真正用于农技推广的经费更少。③农户对管控技术的采纳水平低。为了控制农业污染,国家采取了一系列的技术手段。测土配方施肥是国家近几年在化肥污染控制方面的重要举措。据调查,37%的农户根本不相信测土配方施肥能够使农业增产,52%的农户虽然能接受,但会擅自增加施肥量,只有11%的农户严格执行配方施肥方案,这项技术控制化肥污染的效果并不显著。另外,水肥一体化技术、秸秆反应堆技术、无公害农药技术、可降解地膜技术对化肥、农药和地膜污染有一定的控制作用,由于有些技术的成本高、见效慢、收效不明显,有的甚至还不成熟,农户的采纳率更低。

(9)公众对污染管控的参与度不够

由于农业资源环境的公共产品属性,每一个社会公众都是农业环境保护的主体和最终受益者,他们应该成为政府环境管理的有力助手和重要监督者。在我国,由于农民的受教育水平较低,公众参与程度、参与形式以及参与意识都存在明显不足。主要问题有:对政府的依赖性极强;公众自我参与意识欠缺;非政府民间环保组织发展缓慢,组织程度不高;公众参与法律体制不健全;公众参与程度不高等。

6.3.2 农业污染管控困境的深层诱因

从经济学的角度分析，农业污染管控困境的主要根源是市场失灵和政府失灵。

6.3.2.1 农业污染管控的市场失灵

新古典经济学认为，完善的市场机制可以使各种生产要素在不同的生产者和消费者之间进行有效分配，实现帕累托最优。事实上，要实现资源分配的帕累托最优需要满足很多假设，主要有：市场主体的完全理性，公平竞争的市场机制、完全的市场信息、交易成本（费用）为零、不存在外部性和规模效益递增等。这些市场有效运行的条件非常苛刻，而完全符合上述假设的完善的市场机制在现实中并不存在，因此市场就无法有效配置资源，导致"市场失灵"。农业污染管控上存在市场主体有限理性、市场机制不健全、资源市场不存在等市场失灵现象。

(1)农业污染主体的有限理性

农户是农业污染的基本单元，绝大部分农户实施经济行为都是追求自身利益最大化，具有个体理性，几乎无法实现集体理性，往往实现不了资源利用的帕累托最优。农户为了提高农作物产量，实现自身利益最大化，常常会增加农药、化肥的用量，造成水体富营养化，严重影响农产品质量，威胁消费者的身体健康。可见，农户的个体理性偏离集体理性是农业污染泛滥的主要原因之一。

(2)农业污染的负外部性

农业污染具有负外部性，农户行为的产生成本并不由自己承担，而是由他人和社会来承担，使生产成本小于社会成本。农户进行生产决策时，仅仅考虑个人成本而不考虑社会成本，导致其最大限度地利用、污染资源环境，但并不承担治理污染的后果。负外部性，一方面违反了社会公平，出现"受害者负担"的不合理现象；另一方面使资源利用者和污染排放者失去约束，加重了资源滥用和环境污染。只有将负外部性"内部化"，才能有效保护农业资源环境，实现资源优化配置和有效利用。

(3)农业污染信息的不对称性

农业污染市场失灵的一个重要原因是污染信息不对称。①污染信息分布不均匀。农业生产者对化肥、农药的使用信息比较了解，而环保部门和污染受害者却很难获知这些信息。农户为了追求个人利益，常常会对这些信息进行隐瞒，环保机关和消费者要获取这些信息要付出的很大代价。②污染信息间隔性导致获取困难。间隔性是指污染滞后性引发的时间和地域的间隔性。如农业污染的实际发生与农户使用化学品投入之间具有一定的时间差。③农业污染物随着水文、降雨和地表径流等自然条件变化具有不稳定性和难鉴别性，使环保部门和公众缺乏足够的信息判断具体的污染者、污染行为及其污染责任。

（4）农村环境资源产权不明确

市场交换的必要条件是对交换物进行明确的产权界定。否则,资源配置的谈判成本会很高。资源产权是对资源进行有效利用和管理的重要条件,但目前农村资源环境根本不具备市场机制有效运转的产权条件。①农业资源产权不明确。农村资源环境要素如土地、水、大气属于共有资源,产权不明确,人人都可以利用并不用承担污染责任,无法激励人们有效保护资源环境。②产权不具有排他性。目前农村资源产权不具有排他性,每个人都会为了个人利益过度利用资源而不履行保护职责,这样必然会影响利用者对资源进行管护和投资的积极性。③产权不安全。如果产权面临被剥夺的威胁,就是不安全的。目前,农村土地集体所有,农民享有承包经营权和使用收益权,但是却常常面临国家对其进行征收的威胁。产权制度的不明确、不安全是导致负外部性和利用者"搭便车"的主要根源。

（5）农业收益低,导致农民粗放经营

农业不仅具有经济功能,还具有社会功能和生态功能。现行的市场机制无法体现农业的生态价值和社会价值,工农产品的剪刀差仍然存在,农业收益很低,很多农户不愿意对农业生产投入更多的人力而是外出务工追求更高收入,土地主要由老人和妇女经营,他们大多数受科学文化水平的限制,接受农业新技术的能力较差、环保意识低下,农业生产往往进行粗放经营,通过过度使用化肥和农药的方式来追求自己的短期收益。

（6）农村资源市场不存在或市场竞争不足

①大多数农业资源环境市场仍然没发育起来,资源环境价格为零,任何人都可以无偿地、肆无忌惮地利用资源、污染环境,造成资源浪费或环境污染。②有些资源虽然有市场,但市场价格偏低。比如,农村土地市场虽然存在,但是土地价格偏低,征地补偿费只体现了农作物的产值,而没有体现农民失去土地以后的机会成本,无法实现土地的公平交易。③市场竞争不足。目前,农村资源环境竞争者少,竞争不完全,市场障碍多,交易成本高,市场规模小,无法形成充分竞争的有效市场。

6.3.2.2　农业污染管控的政府失灵

"市场失灵"导致无法通过市场手段解决农业污染问题,必然为政府通过行政手段解决农业污染提供了可能。政府干预必须具备两个条件:一是政府干预的效果要好于市场管控的效果;二是政府干预取得的收益必须大于付出的成本。现实中这两个条件往往得不到满足,政府干预不但无法克服"市场失灵"的缺陷,还可能会引发市场扭曲,导致效率低下或分配不公,即"政府失灵"。

公共选择学派主张,政府是由人组成,政府行为是人决策的,因此,必然具有经济人的特点,它往往为追求本集团的利益而无视集体利益。因此,把污染管控的重任完全寄托在政府身上也是有风险的。"政府失灵"的原因主要有公共决策效率低、政府行政权力极度扩张、权力寻租时有发生、地方保护主义的存在等。政府失灵主要表现在以下几个方面：

（1）追求增产的发展观

我国以占全球 7% 的土地养活了占世界 22% 的人口，追求粮食的高产稳产是为了解决全国 13 亿人口的吃饭问题和国家的粮食安全，我们丝毫不能放松对土地产出的追求，传统的精耕细作型农业已经无满足日益增长的人口和对农产品数量和品质的需求。近几十年来，政府提出的以农业增产为核心的发展战略，以"高产、优质、高效"为农业发展口号，不断加大化肥、农药、地膜等农用化学品的推广使用，在提高农业效益的同时也造成了农业环境的恶化。我国农业"只要增长，不要发展"，仅仅追求土地的短期产出，而不考虑可持续利用。我国的农业资源本来就很脆弱，只追求土地产出，必然会增加农用化学品的使用，最终会破坏农业可持续发展的基础。

（2）政府环境政策失灵

①政府在制定政策时，重经济发展，轻环境保护。如国家粮食安全政策的出台，虽然增加了国家的粮食供给，但也诱发了农业污染的发生。国家对化肥、农药等农用工业进行补贴，虽然降低了生产成本，促进了农业生产，但也刺激了化肥、农药的大量生产和使用，加剧了农业污染。②农业污染政策具有滞后性，不能有效控制污染。污染治理政策仍延续先污染后治理的老路，而且污染治理政策程序复杂、周期较长，具有明显的滞后性，无法跟上污染管控的实际需要。③政府掌握的环境信息不完全，无法制定出有效的环境政策。政府制定污染管控政策时，需要收集大量的污染信息，并进行整理、筛选和加工。由于环境信息的搜集成本很高，甚至耗费了成本也很难获取有效的信息，也就无法制定出有效的农业污染管控政策。

（3）诱发农户的"寻租行为"

一方面，政府环境管理会导致污染者、被污染者和环境保护机关之间进行博弈，污染者为了维护自己的既得利益，往往会实施寻租行为，促使政府维持或放宽环境标准。另一方面，如果环境管控政策软弱无力，就会激励农户为了追求自身利益最大化过度利用农业资源环境，实施短期行为。由于被污染者人数多而分散，管控成本很高，每个被污染者对环保部门对污染者的惩处行为都会抱着"搭便车"的心理，向政府实施寻租行为，以较低的寻租成本减免高额罚款，使污染的外部成本转嫁给被污染者。

（4）政府重经济利益轻环境利益

目前，我国行政机关仍然实施自上而下的考核机制，他们只追求显而易见的短期政绩，只顾眼前利益，不顾长远利益。地方人民政府只追求经济增长而忽视了环境保护，因为环境保护的效益并不能在本届政府任期内完全体现，而政府作为理性经济人，都会最大限度地追求自己的政绩，从而实现自身利益最大化。环境管理成本高、难度大、收效微，大部分地方都会为追求经济收益忽视或放弃环境保护，甚至对污染企业实行地方保护主义，包庇、纵容污染企业,以获取更多的财政收入。

(5)政府环境管理缺乏约束和激励机制

政府的环境管理权处于垄断地位,其运行成本通过税收补偿,因此,其决策不进行成本收益分析,也不存在破产的风险。相反,如果提高效率,节约成本,收益属于全体社会公众,不符合政府利益最大化。另外,在很多情况下,政府比公众拥有更多的环境信息,公众不能有效监督政府及其工作人员的活动,他们往往会被作为被监督者的政府所控制,无法激励政府有效履行环境管控职能。

(6)政府对农产品质量监管缺失

政府工作人员人力有限,而农产品的生产又非常分散,大多数农户生产的农产品没有经过相关部门的检验检测,农户常常会过量使用化肥、农药以追求农产品产量,至于农产品质量是否合格、农药残留是否超标等,由于检测和制裁措施的缺乏,往往无法引起他们的重视,这在一定程度上纵容了农业污染行为的发生。

6.3.3 基于综合防控模式的政策建议

(1)建立健全农业污染防治法规体系

我国农业污染形成机理复杂,其防控的边缘化导致至今没有形成其相应的防治法规体系,导致针对农业污染的防控缺乏规范性、长效性。当务之急应尽快构建科学合理的农业污染防治法规体系,使农业污染的防治工作有法可依、有章可循。

1)应从发展循环经济和建立环保、资源节约型社会的角度出发,构建由政策框架法、单项实体法和程序法等构成的完整法律框架,如控制有机废弃物排放的法规、促进有机废弃物循环利用的法规、控制农药污染的法规等。

2)要对每一单项实体形成法律、行政法规、规章和技术规范所构成的配套体系,强化法律的可操作性。

3)要建立健全污染检测体系,对农药等化学投入品的生产、使用、贮存和运输实行全过程监控,从农业污染产生的各个可能的环节进行有效控制和监测。

4)需要加强地方立法,我国各地区经济发展水平不同、污染程度差异很大并且形式多样,各地区要切合地域特点,制定符合区域发展的地方法规,加强农业污染防控的针对性和可操作性。

(2)构建我国农业污染防治的财政政策

在环境污染治理中经常用到的经济手段有税费制度、财政补贴、排污权交易等,但目前来看,在农业污染的治理中,这些经济手段的应用还不是很普遍。构建我国农业污染防治的财政政策,首先应该在流域层面开展化肥农药税和污染收费政策、费用分摊政策、生态补偿政策和点源—非点源排污权交易政策等试验活动,甄选出符合区域特征的、防控成效较好的财政政策予以推广;同时要详细明确各级人民政府在财政支农方面的界限和责任,将支农财政纳入各级人民政府的预算。针对我国大部分地区县、乡都没有自行支付这部分财政的能力,中央和地方人民政府要增加这部分财政特别是绿色补贴的投入,形成以中央和省级人民政府为主、各地市县乡为辅的绿色补贴体制;此外还要积极探索建立投融资和财政补贴机制的渠道,采用财政融资、政策融资和市场融资相结合的融资手段,加强环保参与和引导投资的能力,扩展国内外的优惠贷款渠道,与各种金融组织采取多样式的合作。

(3)完善农业环境监测体系

农业污染与空间、季节、时间、地形植被状况、水域面积等直接相关。我国地域宽广,自然环境形式多样,有效开展对农业污染的防控需要建立农业污染的地理信息系统,提高监测效率和决策准确性。农业环境监测体系的建立:①需要规范我国农村污染监测的法律体系、指标体系和统计体系;②要完善现有的农业系统检测网站,并根据农业污染检测的需求,建立并形成覆盖重点区域的农业污染监测网络;③还要对已实施的控制技术和措施进行记录,通过长期定点监测,摸清农业污染的底数。农业环境监测体系的完善,一方面有利于建立农业污染防治技术的评价方法以及各区域适应型技术的研究,健全和完善农业面源污染防治技术体系;另一方面还可以在此基础上重点开展主要污染物在整个生态系统中迁移规律的研究、农业立体污染防控新技术新方法的研究,开发基于空间数据的决策支持系统。

(4)建立农业污染综合防治示范点

建立农业污染综合防治示范点的目的在于以点辐射面,低成本实现区域农业污染的防控目标。①根据不同区域的污染特征和社会经济发展条件,选择典型的农业污染综合防治示范点。在示范点内,通过污染综合防治的区域适应型技术研究,筛选出关键的防治技术,形成技术集成模式,并规划农业发展和环境友好型技术相结合的总体布局,探索不同的生产模式下的农业污染综合防治技术与管理模式,建立示范区农业污染综合防治的管理机制,形成节本增效、环境友好的农业发展模式。②通过高效技术的集成和推广,不仅能从源头控制农业非点源污染,而且通过建立综合防治示范点,发展可持续农业或生态农业等良好环境行为的耕作模式。③还要通过建立综合防治示范点推广有机食品和绿色食品标准及标识认证,鼓励有机食品和绿色食品的消费,不断扩大其市场,从而有效拉动农业污染防控。

(5)加强农民专业技术组织的建设

研究表明,农业技术协会或者农业经济合作组织等不仅可以组织农户进行市场销售、参加技术培训,同时也能引导农民增强环保意识,促进环境友好型技术的推广。农业污染的分布面广,排放量大,不仅仅涉及某一户或者某一个区域,其防治需要农户的广泛参与。农业专业技术组织可以通过宣传和培训,消除农户对农业污染的模糊认识,更要全面了解污染的途径和严重危害性,增强污染防治的自觉性。目前,我国政府已经多层面推动了此类组织的建立,但由于管理系统的缺乏和法人地位的不确定,这类专业技术组织的数量还远远不够,其作用的发挥也受到了限制。因此,建议尽快建立农民专业技术组织相关的法律法规,明确其功能定位、法人地位、管理职能等,发挥其在环保宣传、化肥农药等管理和技术培训等方面的功能,充分发挥其宣传、培训、推广等方面的职能。同时,政府要转变职能,为此类组织提供信贷、培训、信息交换等方面的支持,一方面扶持和鼓励农民专业技术组织的建立,另一方面提高这类组织的层次,为其信息更新开通渠道。

　　未来重点要抓好五项工作:第一,加快构建农业农村生态环境保护制度体系,构建农业绿色发展制度体系、农业农村污染防治制度体系和多元环保投入制度体系。第二,着力实施好农业绿色发展重大行动,强化畜禽粪污资源化利用、强化化肥与农药减量增效、强化秸秆地膜综合利用。第三,稳步推进农村人居环境改善,建立农村人居环境改善长效机制,学习借鉴浙江"千村示范、万村整治"经验,开展农村人居环境整治争创示范活动,总结推广一批先进典型。第四,大力推动农业资源养护,加快发展节水农业、加强耕地质量保护与提升、强化农业生物资源保护。第五,显著提升科技支撑能力,突出创新联盟作用,加强产业技术体系建设,集成推广典型技术模式。

参考文献

［1］ 宋秀兰.论农业清洁生产［J］.现代农业科技,2008(24):361-362.

［2］ 魏赛.农业面源污染及其综合防控研究——以华中区为例［D］.北京:中国农业科学院,2012.

［3］ 邱君.农业污染治理政策分析［M］.中国农业科学技术出版社,2008.

［4］ 张丽君,张春柳,刘孝刚.农村畜禽养殖业对环境的污染及治理对策［J］.中国畜禽种业,2019,15(4):9-10.

［5］ 杨萍萍.水产养殖业自身污染现状及改善措施［J］.发展对策,2010,30(5).46.

［6］ 左晓利,张俊祥,李振兴.我国农业污染特点及防治对策［J］.创新科技,2011(11):17-19.

［7］ 周群.中国淡水水产养殖业的水环境影响及管理对策研究——以宜兴为例［D］.南京:南京林业大学,2013.

［8］ 魏欣.中国农业面源污染管控研究［D］.杨凌:西北农林科技大学,2014.

［9］ 李艳.农业面源污染的危害及防治［J］.现代农业,2018(14):21.

［10］ 王岚.我国农业环境污染的现状和成因及治理对策［J］.农村经济与科技,2018,29(6):10-11.

［11］ 赖家盛,吴洁远.农业污染来源分析及清洁生产措施［J］.资源与环境科学现代农业科技,2013(13):252-253.

［12］ 张慧玲,高啟贤.养殖业废弃物污染状况的调查及治理措施［J］.养殖污染治理,2019(3):15-17.

［13］ 杜建儒,王杰,哈斯牧仁.畜牧养殖业污染与清洁生产技术思考［J］.中国畜禽种业,2019,15(1):40.

［14］ 唐为沂.水产养殖业自身污染现状及其治理对策［J］.中外企业家,2018(35):148.

［15］ 黎竹.农业面源污染防治现状及对策建议［J］.现代化农业,2019(6):48-49.

［16］ 杨正礼,李茂松,章力建.我国农业立体污染特征与防治设想［N］.中国农业科技导报,2006,8(5):72-76.

［17］ 王桂梅,李钦存,等.农业生态环境保护理念与污染防治实用技术［M］.北京:中国农业科学技术出版社,2016.

［18］ 闫玲.浅谈高效生态农业若干发展模式［J］.高效农业,2017(23):37.

［19］ 章力建,朱立志.农业立体污染防治是当前环境保护工作的战略需求［J］.环境保护专家

视点,2007(5):36-43.

［20］王凯军,高志永,贾晨夜,等.农村(农业)面源污染防治可行性技术案例汇编[M].北京:
中国环境出版社,2016.

［21］樊丙超.水产养殖环境的污染现状及其控制对策初探[J].农家参谋:畜牧水产,2019
(14):180.

［22］徐连伟.水产养殖环境的污染及其控制对策[J].南方农业,2018,12(27):183-184.

［23］赵希智,陈励芳,朱旭鑫.规模化畜禽养殖业污染的危害及防治对策[J].畜禽生产,
2016,46(15):120-123.

［24］潘晓东,李品,冯兆忠,等.2000—2015 年中国地级市化肥使用量的时空变化特征[J].
环境科学,2019,40(10):1-14.

［25］邓涛.水产养殖环境的污染及控制[J].吉林农业:畜牧水产,2019(13):68.

［26］杨春艳.水产养殖业自身污染现状及改善措施[J].资源环境,2019(7):111-112.

［27］刘波.集装箱循环水养殖技术[J].黑龙江水产,2019(2):33-35.

［28］吴伟,范立民.水产养殖环境的污染及其控制对策[J].中国农业科技导报,2014,16(2):
26-34.

［29］马永喜.规模化畜禽养殖废弃物处理的技术经济优化研究——以北京北郎中村为例的
生态经济模型分析[D].杭州:浙江大学,2010.